わかる！
使える！

プレス加工
入門

吉田弘美・山口文雄 ［著］
Yoshida Hiromi　　Yamaguchi Fumio

日刊工業新聞社

【 はじめに 】

この本では、プレス加工を、段取りと作業の視点からとらえて解説しています。物事すべてがいきなり始まるものではありません。「手順を踏む」「準備をする」ことがあって、物事は始まります。

手順を踏む、準備をすることを「段取り」と呼んでいます。段取りの善し悪しで作業効率はずいぶんと異なります。私たちは日頃、段取りをうまくこなしている状態を表現して、「手際がいい」と言っています。これは、無駄のない、流れるよう動作を現したものです。段取りのための用具の準備などがうまく行われていて、用具やプレス機械などの扱いに習熟していてこそ実現します。

このほか環境面としては、5S（整理・整頓・清掃・清潔・躾）がうまく実施されていることもバックグラウンドとして必要です。

プレス作業は、第一に安全でなければなりません。関連する規則などを知っておく必要があります。また、プレス機械や金型の点検事項についても同様です。そして、プレス作業は良品を生み出すものでなければなりません。プレス作業についても、今一度、見るべき点を解説しています。

金型は、プレス加工の要となるものです。その種類と特徴を知ることは欠かせません。金型は摩耗し、劣化します。それによって、プレス加工製品の品質に影響を与えます。金型は作る技術と、維持管理する技術が必要です。この本では、金型の維持管理について解説しています。

プレス作業に必要なプレス機械の構造や、運動機構に関する内容、およびプレス機械の扱いについての基本事項・送り装置・周辺機器についても解説しています。

本書の作成に際して、企画段階からたくさんのアドバイスを頂戴した、日刊工業新聞社書籍編集部の矢島俊克さんに感謝いたします。

2017年12月　　　　　　　　　　　　　　　　　　　　山口 文雄

わかる！使える！プレス加工入門

目　次

【第1章】
基本のキ！
プレス加工とプレス作業

1　プレス加工の特徴

- プレス加工の原理・**8**
- せん断加工・**10**
- 曲げ・フランジ成形加工・**12**
- 絞り・成形加工・**14**
- 他の加工法との比較・**16**
  （切削・鍛造・鋳造）
- プレス加工の後加工・**18**
  （洗浄・バリ取り・めっき・塗装）
- プレス加工で主役となる金型・**20**
- プレス機械の概要・**22**
- プレス加工で使われる材料・**24**

2　プレス作業の内容

- プレス作業の主な内容・**26**
- 法令に基づく安全対策・**28**
- 段取り作業前の確認・**30**
- 段取り作業の流れ・**32**
- 作業用工具の準備と確認・**34**

3　プレス作業の実際

- 使用前の金型の点検と整備・**36**
- プレス機械の始業前（作業開始前）の点検・**38**
- ガイドポストおよびブシュ付きの金型の取り付け・**40**
- オープン金型の段取り・**42**

- 金型の高精度な位置決めの方法・**44**
- 金型の固定方法・**46**
- ダイハイトとスライド調節・**48**
- 材料の段取り・**50**
- 製品の取り出しと装置の調整・**52**
- スクラップの取り出しと収納・**54**
- 本作業前の安全対策の確認・**56**
- 試し加工と製品および作業内容の確認・**58**
- 単工程・手作業での作業・**60**
- 自動加工での作業・**62**
- 工程検査とロット区分・**64**
- 作業終了時の製品と帳票類の取り扱い・**66**
- 金型の取り外しと収納・**68**
- プレス機械および周辺装置などの後処理・**70**

4　用途別作業と段取り

- ブランク抜き作業・**72**
- 穴抜き・分断作業・**74**
- 切断作業・**76**
- トリミング作業・**78**
- 抜き順送り作業・**80**
- Ｖ・Ｌ・Ｕ曲げ作業・**82**
- Ｚ曲げ作業・**84**
- 曲げ順送り作業・**86**
- 初絞り作業・**88**
- 再絞り作業・**90**
- 絞り順送り作業・**92**

【第2章】
製品に価値を転写する
プレス金型の要所

1 プレス金型の分類

- プレス金型構成部品名称と働き・**96**
- 金型機能による分類・**98**
- 構造による金型の分類・**100**
- 自動化方法による金型の区分・**102**
- 安全金型・**104**
- 迅速交換金型（QDC）・**106**

2 プレス金型の取扱いと維持管理

- 抜き金型の維持管理・**108**
- 曲げ・絞り成形金型の維持管理・**110**
- 自動化金型の維持管理・**112**
- 金型共通部分の維持管理・**114**
- 金型の分解と整備の方法・**116**
- 金型の保全記録と活用・**118**

【第3章】
生産効率に影響する
プレス機械と周辺機器

1 プレス機械の構造

- プレス機械各部名称と働き・**122**
- プレス機械の運動機構と特徴・**124**
- サーボプレスの特徴・**126**
- その他プレス機械・**128**
- プレス機械フレームの形と特徴・**130**
- プレス機械のスライド駆動ユニット数・**132**

2 プレス機械の操作と安全装置

- プレス機械の運転操作・**134**
- 作業安全装置・**136**
- プレス機械の安全装置・**138**
- 金型の安全装置・**140**

3 プレス機械の周辺装置

- 1次送り装置・**142**
- 2次送り装置・**144**
- ノックアウト装置・**146**
- ダイクッション・**148**
- 材料給送・矯正装置・**150**
- 製品・スクラップ回収装置・**152**

コラム

- ゆとりが大事・**94**
- 道具と仕事・**120**
- プレス機械の運動曲線・**154**

- 参考文献・**155**
- 索引・**156**

【 第 **1** 章 】

基本のキ！
プレス加工とプレス作業

【1】 プレス加工の特徴

プレス加工の原理

❶材料の塑性を利用した加工

　プレス加工は主に金属の板材から形（製品）を作る加工方法です。塑性加工とも呼ばれます（塑性加工は他に、鍛造、スピニング（ヘラ絞り）があります）。

　金属材料に力を加えると変形します。その力を除くと元の形に戻る性質を弾性と言い、加えた力を除いても変形をそのまま残す性質を塑性（永久変形）と呼びます。金属材料はこの2つの性質を持ち合わせています。

　金属材料の力と変形の関係を表すと、最初は直線となり、この領域を弾性変形域と呼びます（**図1-1-1**）。あるところからカーブしていきます。この変化点を降伏点（耐力）と呼びます。降伏点以降のカーブした部分を塑性変形域と呼びます。

　スプリングは材料変形を弾性変形域内に留めて使うようにした製品で、プレス加工製品は変形を塑性変形域まで進めて永久変形させて形状を作っています。このような加工を成形加工（立体的な形状を作る）と呼びます。この他に、せん断力を利用して金属材料を切る加工（せん断加工）の分離加工があります。一般的には抜き加工と呼ぶことが多いです。

❷工具を使いやすくまとめたものが金型

　プレス加工で形状を作るためには、**図1-1-2**に示すように、製品形状を展開して平板な板形状を求めます（これをブランクと呼びます）。次に、加工に必要な一対の工具を作ります。この工具は製品形状と同じ形に作ります。ブランクを工具の間に置き、工具を押しつけることで求める形状を作ります。

　このときの上から押しつける工具をプレス加工ではパンチ、材料の下側で受ける工具をダイと呼びます。パンチとダイだけでは作業がしにくいことから、使いやすくまとめたものを「金型」と呼びます。以上がプレス加工の概念です。実際には、加工後にパンチ・ダイから外れた材料は、形状が変化するため形状補正します。また、製品形状を加工限界などの関係からそのまま加工することができず、中間形状を作り、複数工程で製品を加工することもあります。

❸金型を保持して加工力を発生させるプレス機械

　プレス加工では、金属材料を変形させたり切ったりすることを行い、製品形状を作ります。そのときに必要な力を「加工力」と呼びます。多くの場合、人力で加工力を賄うことができないため、機械に加工力を委ねます。その機械を「プレス機械」と呼びます。プレス機械に金型を取り付け、製品加工を行います。プレス機械は、加工力を作り出すとともに、取り付けられた金型のパンチ・ダイの関係を正しく保ちながら、上下運動するように作られています。

図 1-1-1　金属材料の性質

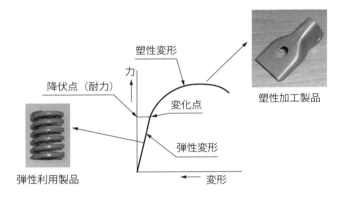

図 1-1-2　プレス加工での製品加工方法

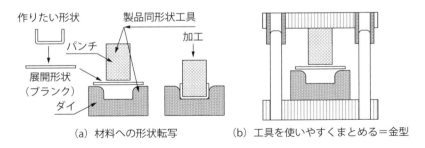

(a) 材料への形状転写　　(b) 工具を使いやすくまとめる＝金型

> **要点 ノート**
> プレス加工は塑性加工の1つで、製品を作るのに必要な道具として専用の工具である金型を製作します。金型はプレス機械に取り付けて仕事を行います。

【1 プレス加工の特徴

せん断加工

❶せん断加工とせん断過程

　せん断加工はせん断力を利用して、材料を分離します。このことから分離加工とも呼ばれます。一般的には抜き加工と呼ばれることが多いです。

　パンチとダイの切れ刃となる部分はシャープなエッジとします。そして、パンチ・ダイ間にクリアランスと呼ぶ隙間を設けます。

　この状態で、パンチを材料に押し付けると、パンチ下の材料はダイ方向に押され「だれ」と呼ぶ丸みを作ります。その後、材料内部に滑りが発生して「せん断面」と呼ぶきれいな面を作ります。加工硬化によって滑りに限界がくると、割れが発生します。この割れによって作られる面を「破断面」と呼びます。パンチ・ダイ側から発生した割れが会合して、せん断は完了します。

　クリアランスが適正だと破断はきれいに会合し、クリアランスが大きいとずれができ、段差ができます。小さいと破断が交差してずれ、再度せん断が起きるようになります。再度作られるせん断面を「2次せん断面」と呼びます（図1-1-3）。せん断は完了しても分離は完了していないため、パンチをダイの中に入るまで下降させ分離を完了させます。

　せん断加工に伴う加工力は、せん断に必要な「せん断力」、クリアランスの関係から派生する「曲げモーメント」、せん断の際に生じる「側方力」が作用します。

❷せん断加工の種類

　製品加工では、いくつかのせん断加工を組み合わせて、様々な形状加工をしています。図1-1-4は形状加工での利用例です。単工程加工では、そのまま形状加工に利用することが多いですが、順送り加工では1つの形状を切欠きや分断時には穴抜きなどを組み合わせて形状を作ります。

❸抜き寸法とバリ方向

　製品の寸法は、おおよそパンチ寸法かダイ寸法になります。パンチ寸法とダイ寸法の間にはクリアランスを設けますから、その分、大きさに差が出ます。加工は図1-1-5のようになります。通常は、ダイの上に材料は置かれ、上からパンチで加工します。

このとき、ダイの上に残った材料はパンチ寸法に（穴抜き、切欠き、分断）、抜かれてダイの中に入り込んだ材料はダイ寸法になります（ブランキング、切込み）。切断は図1-1-6のようになります。

加工の際に発生するバリは、ダイ上の材料はダイ側に、抜かれてダイ内に入り込んだ材料はパンチ側に発生します。

図1-1-3　クリアランスによる切り口面の変化

大クリアランス　　適正クリアランス　　小クリアランス　　極小クリアランス

図1-1-4　せん断加工の加工例

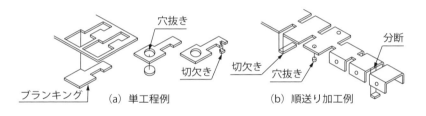

(a) 単工程例　　　　　　　　　　(b) 順送り加工例

図1-1-5　抜き寸法とバリ方向	図1-1-6　切断の寸法とバリ方向
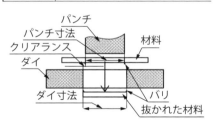	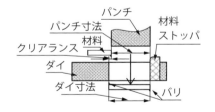

要点ノート

プレス加工の代表的加工であるせん断加工（抜き加工）の特徴、および抜き加工の種類と加工寸法の関係などの基本事項を紹介しています。

1 プレス加工の特徴

曲げ・フランジ成形加工

❶曲げ加工
　曲げ加工は、**図1-1-7**に示すように材料の狭い部分を曲げ変形させて形状を作ります。このときの加工ラインが直線であることが条件です。加工では、曲げの外側の材料は伸ばされ、内側では縮みます。このことにより、曲げ外側では材料の伸びの限界を超えると、割れが出ることがあります。伸び限界は面がきれいな方が良いことと、外観をきれいにする目的から抜きだれ面を外側にして、切り口面（板厚部分）のせん断面が外側となるように加工することが望まれます。

❷曲げ形状
　曲げ形状の呼び方は、曲げ形状を板厚方向から眺めたときの形状をアルファベットになぞらえて、**図1-1-8**のように呼ぶことが多いです。VとLは置き方によってどちらにも変化します。この呼び方は曲げ構造との関係が強いです。V曲げは突き曲げ構造、L曲げは押え曲げ構造となります（**図1-1-9**）。この2つは、押さえないで曲げると押さえて曲げるの基本形と言えます。

❸フランジ成形
　フランジ成形の基本形は**図1-1-10**に示す3形状です。曲げとの違いは加工ラインの変化です。曲げでは加工ラインが直線なので、曲げられたフランジ部分に応力が働きませんが、加工ラインが曲線となることで、フランジ部分に伸びまたは縮み応力が働くようになります。全体の幅を揃えようとすると、ブランクの形も曲げの長方形から変化します。フランジに縮み応力が働くとしわの心配が、伸び応力が働くと割れの心配が出ます。

図1-1-7 | 曲げの特徴

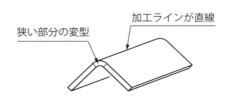

フランジ成形はＬ曲げの変化と言えます。通常の曲げ加工では、**図1-1-11**に示すように板押えのない金型構造で加工しますが、縮み要素が働きしわの心配が出てくると、板押えを加えた図1-1-11（a）の構造の採用が多くなります。この構造は絞り加工に使われる構造と同じです。

| 図1-1-8 | 曲げ加工の基本形 |

Ｖ曲げ　Ｌ曲げ　Ｕ曲げ　Ｚ曲げ

| 図1-1-9 | 曲げの基本構造 |

突き曲げ　　押え曲げ

| 図1-1-10 | フランジ成形の基本形とブランクの形 |

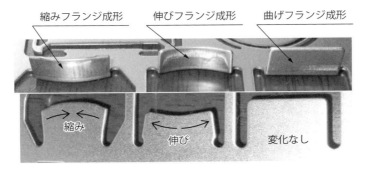
縮みフランジ成形　伸びフランジ成形　曲げフランジ成形
縮み　　伸び　　変化なし

| 図1-1-11 | 成形での金型構造変化 |

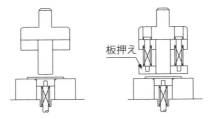
（a）板押えなし構造　（b）板押えあり構造

要点 ノート

成形加工は、曲げ変形と縮み変形および伸び変形によって形状は作られています。曲げは成形の最もシンプルなものと言えます。形状の変化と不具合対策としての金型構造変化があることを知りましょう。

【1】 プレス加工の特徴

絞り・成形加工

❶絞り加工～円筒絞りの特徴

　円筒絞りは、円形ブランクから円筒容器を作ります。**図1-1-12**は、材料の動きと力の作用の関係を示したものです。材料は中心方向に引張力が働き、その関係で底部分の肩部（パンチ肩部）は板厚減少します。時には割れることもあります。

　ブランクは中心方向への移動に伴い、ブランク外形寸法は小さくなります。このときに、周方向に圧縮力が働いており、ブランク外周の板厚は増加します。圧縮作用がうまく行われないと、材料は座屈してしわが発生します。円筒絞りの材料の動きを示したものが**図1-1-13**です。円筒絞り加工は、ブランクを中心方向に引き込む引張力と外周減少に伴う圧縮力のバランスを取り、円筒形状に加工します。

❷絞り加工の種類

　絞り加工は、上から見た形と横から見た形の組合せで形状を表現しています。上から見た形では、円、角、異形、横から見た形では、筒、テーパ、段、異形があります。

❸絞りの不具合現象

　絞り加工はパンチによって材料を引っ張り、ブランク材をダイ内に移動させてつなぎ目のない立体形状を作ります。引張を受けた材料部分が引き込み抵抗に負けると、**図1-1-14**のような割れが生じます。引き込まれるブランク外周は縮まりながら中心方向に移動しますが、うまく縮むことができないと、**図1-1-15**のようなしわが発生します。この2つの不具合は絞り加工の代表的なものです。

❹成形加工

　成形加工は、曲げや絞りとは違う内容の形状加工を言います。広い意味での成形加工は板材で立体的形状を作るすべてを含みますが、ここでの成形は狭義の成形加工を意味します。成形加工では曲げ、伸びおよび縮み要素で形状を作りますが、それらを単独または組み合わせた形で形状を作るものです。**図1-1-16**の形状を参照しながら、加工内容を身につけてください。

①バーリング：穴の縁の材料を延ばしてフランジを立てる
②張出し：材料を延ばして表面積を広げ、立体的な形状を作る
③ビード：材料を延ばしてひも状の形状を作る
④エンボス加工：材料に小さな段差を作り、模様を作る
⑤リブ：材料を張り出し、曲げ部などの強化を図る形状を作る
⑥カール：縁を丸めて強化する安全対策とする（図なし）

| 図 1-1-12 | 材料の動きと力の作用 |

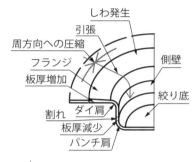

| 図 1-1-13 | 材料の動き |

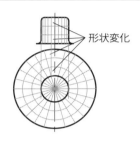

| 図 1-1-14 | 底抜け |

| 図 1-1-15 | フランジしわ |

| 図 1-1-16 | 成形加工のいろいろ |

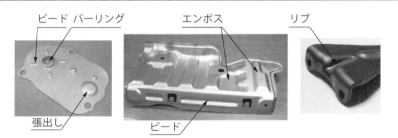

要点 ノート

絞り・成形加工は曲げ、伸びおよび縮み要素を組み合わせて様々な形状を作ります。その代表的なものの作り方の概要をつかみましょう。

【1 プレス加工の特徴

他の加工法との比較
（切削・鍛造・鋳造）

❶プレス加工

　プレス加工で作られた成形品は、金属繊維（メタルフロー）を切ることなく形が作られていることから、軽量で丈夫な部品を金型からの転写加工で短時間に加工することができます（**図1-1-17**）。そのため、自動車や家電製品をはじめとした多くの商品に使われています。プレス加工同様に部品加工に使われている加工法は他にもあります。用途や目的によって使い分けられます。

❷鋳造加工

　金属を溶かして型に流し込み、固めて形状を作る加工法です（**図1-1-16**）。メタルフローがないので強度的には弱く、各部の厚さを増すことで必要強度を得ます。プレス加工や切削加工に比べ寸法精度は劣ります。民芸品や機械の筐体などは、溶けた金属を自重の流れで型内に流し込み成形する自然鋳造と、溶けた金属に圧力を加えて型内に流し込むダイキャストと呼ぶ方法があります。ダイキャストは工業製品に多く使われています。

❸鍛造加工

　金属をたたいて潰し形状を作る加工法です（**図1-1-19**）。金属を熱して柔らかくした状態で加工する熱間鍛造と、常温で加工する冷間鍛造の両者が主流ですが、熱間ほど過熱しないで加工する温間加工もあります。金属をたたくことでメタルフローは緻密になり、丈夫な部品を作ることができます。

❹スピニング（ヘラ絞り）

　金属の板を回転させて工具を押しつけることで変形させ、型形状に成形する加工法です（**図1-1-20**）。型は、プレス加工のパンチに相当する部品のイメージです。プレス加工より小さな力で加工することができますが、加工時間は長くかかります。

❺切削加工

　金属の塊を切削工具（エンドミルやバイトなど）で削り、形状を作ります（**図1-1-21**）。高精度な形状を得ることができますが、メタルフローを切るため薄い形状では強度の不安があります。

第1章 基本のキ！ プレス加工とプレス作業

| 図 1-1-17 | プレス加工 |

| 図 1-1-18 | 鋳造加工 |

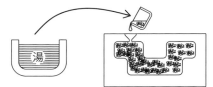

| 図 1-1-19 | 鍛造加工 |

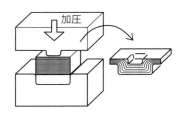

| 図 1-1-20 | スピニング |

| 図 1-1-21 | 切削加工 |

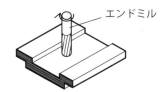

要点 ノート

部品加工にはいろいろな方法があります。部品の用途や機能などから判断され加工法は選択されます。加工法の選択の余地があるときにはコストで選択されます。

17

1 プレス加工の特徴

プレス加工の後加工
（洗浄・バリ取り・めっき・塗装）

❶洗浄
　洗浄は、プレス加工に使った油を除去する作業です（図1-1-22）。洗浄剤を使って処理します。加工に使用する油によっては、強力な洗浄剤が必要となることもあります。このような洗浄剤には健康に好ましくないものもあります。使用する油は、洗浄のことも考えて選択されています。洗浄を必要としない、揮発性の高い加工油を使う場合もあります。

❷バリ取り
　抜きバリを取るバリ取り作業は、一般的にはバレル加工と呼ばれます（図1-1-23）。バリ取りする製品と研磨材を樽のような容器に入れ、容器を回転させ製品と研磨材を攪拌することで、こすれ合って、バリが除去されます。このときの樽のような容器をバレルと呼ぶことから、加工の呼び名の由来になっています。これは基本的なバリ取りの様式で、たらいのような容器に砂状の研磨材を入れ、振動を与えて処置する振動バレルと呼ぶ方法などがあります。

❸めっき
　めっきとは、物体の表面に金属膜を形成する技法のことで、一般的にめっきといえば金属の溶けた水溶液に浸漬して行う湿式めっき法を指すことが多いです（図1-1-24）。

図 1-1-22 ｜ 洗浄イメージ

図 1-1-23 ｜ バレル加工

❹塗装

　プレス加工製品は鋼材が使用されることが多いですが、錆びる欠点があります。錆び対策と外観の改善のため、めっきとともに塗装も多く採用されています。最近、多く利用されている静電粉体塗装法について紹介します。スプレーガンで帯電させた塗料を、アースの取れた塗装したい製品に噴射すると、静電気の力によって塗装したい製品の表面に塗装粉体が定着し、塗布される仕組みです（**図1-1-25**）。塗布後、焼付け乾燥炉で加熱することにより、塗膜が形成されます。

図1-1-24 めっきの方法

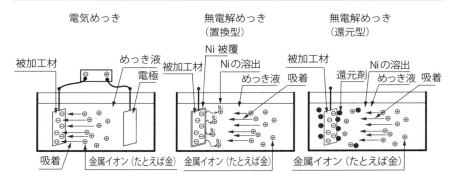

図1-1-25 静電塗装の原理

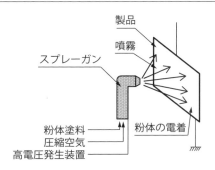

> **要点 ノート**
> プレス加工後に行う作業は意外と多いです。後加工を行うことで品質を高めたり、外観の改善することで付加価値を高めたりします。

【1】 プレス加工の特徴

プレス加工で主役となる金型

❶プレス加工での金型

プレス加工で金型は非常に重要です。金型に作り込まれた形状を、材料に転写して製品を加工するからです（図1-1-26）。転写（製品加工）は非常に短い時間で行われます。量産加工に適しています。最近では少量に対応するようにもなっています。金型は製品ごとに専用のものを作ります。この点が欠点と言えるかもしれません。

❷金型の機能

金型は、基本的には製品形状と同じ形をした工具を作ります。これをパンチおよびダイと呼びます。ここが金型として最も重要な部分となります（図1-1-27）。

パンチとダイの間に材料を置いて加工します。パンチとダイに対して、正しい位置に置くための位置決め部品も金型には必要です。加工に際して、材料を押さえておくことが必要なこともあります。これを材料押えと呼びます。

パンチやダイに付着する材料や製品を除去する機能も必要です。パンチについた材料を除去する金型部品をストリッパと呼び、ダイの中に入り込んだ製品を除去する金型部品をノックアウトと呼びます。

金型は上型と下型に分かれます。上型と下型の関係を保つものをダイセットと呼びます。金型の主要部分はダイセットの中に組み込まれています。ダイ

図 1-1-26 | 金型（順送金型）

第1章 基本のキ！ プレス加工とプレス作業

セットは、プレス機械への金型の取り付けを容易にします（図1-1-28）。
加工した製品やスクラップを問題なく取り出せることも大切な機能です。

図 1-1-27 | 金型の構成

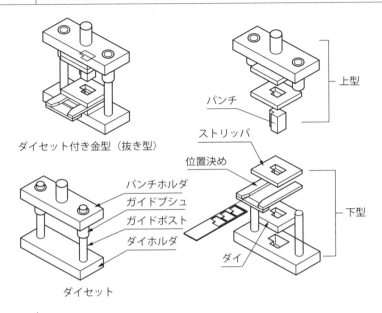

図 1-1-28 | プレス機械に取り付けられた金型

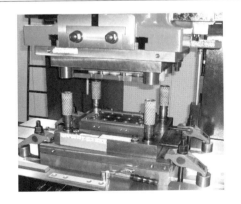

> **要点 ノート**
> 金型はプレス加工にとって最も重要なものです。金型は製品ごとに作られる専用のものです。金型にプレス加工ノウハウが凝縮されます。

21

1 プレス加工の特徴

プレス機械の概要

❶機械プレスと液圧プレス

　機械プレスは、駆動力の機構がメカニカルな構造のものを言います（図1-1-29）。最も多く使われているものはクランク機構で、その他にナックル機構やリンク、カム機構を用いたものなどがあります。加工に必要なエネルギーは、フライホイールを回転させることで得られる慣性エネルギーによっているものと、サーボモーターのトルク力によるものとがあります。

　プレス機械の駆動力を油圧や水圧などを使用しているものを液圧プレスと呼びます（図1-1-30）。液圧プレスはストロークが長くとれ、ストロークの各位置での加圧力が変化しないため、加工距離を長くできます。また、加圧力と加圧速度の制御がしやすい特徴があります。　機械プレスに比べて毎分のストローク数（spm）は遅いです。

❷機械プレスの機構と運動曲線

　クランクプレスは運動の変換機構にクランク機構を使ったプレス機械のことです（図1-1-31(a)）。

　クランク機構は、クランク軸とコネクチングロッド（連接棒）によって回転

| 図 1-1-29 | 機械プレス | 図 1-1-30 | 液圧プレス |

運動を往復運動に変換します。偏芯軸を持ったクランク軸が回転すると、偏芯軸部分に取り付けられたコネクチングロッドが揺動運動して、ガイド内のスライドに往復運動として運動を伝えます。クランク軸の偏芯量の2倍がストローク長さとなります。クランク軸の回転角によって往復運動の速度が変化し、90°位置で最大となります。しかし、この位置で発生できる力は最も弱くなります。

ナックルプレスはクランク軸で回転を往復運動に変換して、トグルリンクを動かし、その動きをスライドに伝えて運動と加圧力を作り出している機構を有するプレス機械です（図1-1-31(b)）。トグルリンクを入れることで、下死点付近でのスライドの下降速度は極めて遅くなり、同時に加圧力は極めて大きなものになります。この特性を生かして、加工する距離は短いが極めて大きな加工力を必要とする冷間鍛造に多く使われています。

クランク機構とナックル機構の運動曲線は図1-1-31(c)のようになります。この他に、リンク機構を使ったものやカム機構で動かすプレス機械もあります。

図 1-1-31　機械プレスの機構と運動曲線

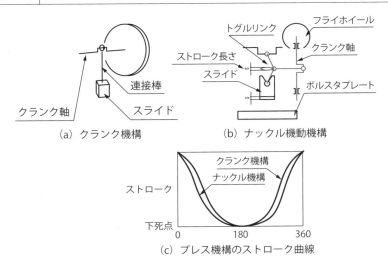

(a) クランク機構　　(b) ナックル機動機構

(c) プレス機構のストローク曲線

要点 ノート

プレス機械は金型を取り付けて仕事をしますが、必要なのは加工力とともに加工した形状を安定させるための工夫も大切です。そのため、様々な運動機構が工夫されています。

【1 プレス加工の特徴

プレス加工で使われる材料

❶プレス加工で使われる材料

　プレス加工製品に使われる材料で最も多いのは、軟鋼板と呼ばれる鋼材です。軟鋼板には、冷間圧延鋼板と熱間圧延鋼板があります。冷間圧延後半はきれいな表面をしていることから、家電製品や精密機器などに多く利用されています。熱間圧延鋼板は主に自動車部品に使われています。自動車部品では軽量化を図るため強度の大きな材料が求められ、軟鋼板より強度の優れた高張力鋼板の採用が増えつつあります。

　錆を嫌う製品には、ステンレス鋼板や1円玉の材料として知られるアルミニウムとその合金、および銅とその合金などが使われます。アルミニウムとその合金、あるいは5円玉、10円玉のような銅とその合金のグループを非鉄材料と呼びます。アルミニウムは軽く、表面がきれいに仕上がることから、化粧品用のケースなどにも使われています。アルミニウムや銅は、電気をよく通すことから電気部品の用途が多くなっています。

　鋼材は錆びやすいことから、めっきや塗装をして使用することも少なくありません。したがって、プレス加工後にこのような処置をすることを省くため、材料段階でめっきや塗装が施された材料もあります。

❷材料の形状

　各種の材料は、コイル材、定尺材（ていじゃくざい）および切り板（スケッチ材）の3つの形でプレス加工に使われています（**図1-1-32～図1-1-34**）。コイル材は製品の必要幅に切られ、巻き取られている材料で量産向きです。条材（JISの呼び方）、フープ材と呼ばれることもあります。

　定尺材は所定の寸法に切られたシート材です。手のひらサイズ程度までの大きさの製品で少量生産するときに、定尺材を所定の幅に裁断して使用します。定尺材より切られた板材を短冊材と呼びます。

　切り板は大きな製品、例えば自動車のドアなどに採用する材料です。製品のブランク寸法に合わせて裁断した購入材料を言います。

　板材の他にも、丸や角の断面を持った線材を使うこともあります。

第1章 基本のキ！ プレス加工とプレス作業

図 1-1-32 | コイル材

図 1-1-33 | 切り板

図 1-1-34 | 定尺材

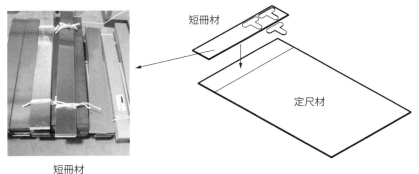

短冊材

要点ノート

プレス加工に使われる材料は鉄鋼材と非鉄材に分けられます。鉄鋼材が圧倒的に多く使われています。材料の形は製品の大きさや生産量によって選択に違いが出ます。

❲2❳ プレス作業の内容

プレス作業の主な内容

　プレス加工で製品を作るには、次のような様々な作業が必要であり、これらの一部が漏れたり間違えたりすると正常な生産ができません。

❶製品および加工内容の確認

　これから生産する製品の形状、大きさ、必要な品質、生産量、加工内容とその工程などを確認します。

❷加工に必要なプレス機械および金型、使用工具、などの確認

　これらの作業内容と手順を頭の中で整理し、確認をします。これができないと、途中でわからなくなって作業を進めることができなかったり、順序を間違えてやり直すことなどが多くなります（図1-2-1）。

❸段取り作業

　実際にプレス加工をする前には、その前の準備として段取り作業があります。主な内容はプレス機械の点検と確認、金型の準備と取り付け、周辺装置の整備と条件設定、材料の準備、試し加工と製品の品質確認、製品の収納容器の準備その他です（図1-2-2）。

　終了後に行う後段取りは、ほぼこの逆の順序で行います。

❹生産作業

　実際に製品を加工するための作業であり、大きく分けて次の2つがあります。

　1つは単工程・手作業で行う方法で、材料または半製品の金型への挿入および加工後の製品の取り出しを人が手で行う作業です。製品形状から各工程の内容、順序およびそれぞれの金型などの確認が必要です（図1-2-3）。

　もう1つは、材料の供給、半製品の工程間の搬送および製品の取り出しなどを自動で行う方法です。プレス加工は製品の形状加工その他生産に必要な機能の多くを金型が行うため、自動化が容易であり、加工に必要な作業は特段ありません。

❺監視作業

　生産中に発生するプレス機械および金型の異常、製品の排出不良、かす浮き（かす上がり）などの生産上の不具合、製品の品質の変化などをチェックしま

す。人の場合は目視や音の変化、発熱および振動などで検知しますが、センサーを金型または機械に組み込むことで自動的に検知し、機械を停止させる例が増えています。

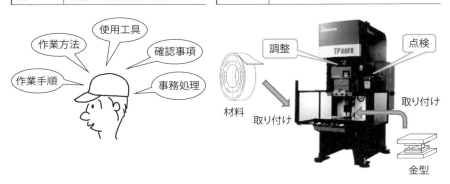

図 1-2-1 | 事前に作業内容を確認する
図 1-2-2 | 段取り作業の例

図 1-2-3 | 単工程加工の各工程内容の確認

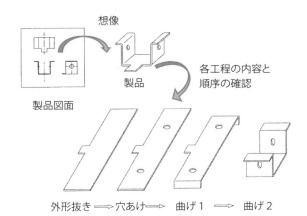

要点ノート

プレス加工は自動化率が高く、自動化の種類も方法も様々です。それによって作業内容も大きく変わります。これは段取り作業も加工作業も同じです。基本の作業を理解し、身につけることでこれらに対応できます。

【2】プレス作業の内容

法令に基づく安全対策

　プレス加工は金属材料に大きな力を加えて変形させる加工で、その作業には危険が伴うため、その作業は法令で厳しく決められています。

❶基本の考え方

　プレス作業の安全に対する基本的な考え方は「本質安全化」であり、金型の間（中）に手を入れない（ノーハンド・イン・ダイ）ということです（**図1-2-4**）。これは主として、金型の中に材料の挿入および製品の取り出しなどを手作業で行う場合が対象であり、安全囲いと安全手工具の組合せなどが必要です。やむを得ず金型の間に手が入る場合は、安全装置で安全を確保します。

❷安全特別教育

　金型の取り付けおよび調整などを行う人は、法令で定められた安全特別教育を受講する必要があります。

❸作業主任者制度

　プレス作業の現場では、法令で定められた講習を終了して免許を取得した人を企業が選任した、プレス機械作業主任者が中心になって安全に関する管理と指揮をします。

　作業主任者は、プレス機械および安全装置の点検と異常の場合の措置、金型の取り付けなどの指揮、作業者に対する監督および指導などの責任と権限を持っています（**図1-2-5**）。プレス機械および安全装置、作業方法などに対して異常を見つけたり、疑問を感じた場合は自分で処置をせず、作業主任者に連絡し、その指示に従う必要があります。

❹プレス機械および安全装置の点検と検査

　プレス機械および安全装置の安全点検および検査には次の3つがあります（**表1-2-1**）。

①始業前点検

　プレス機械を使う担当者が毎日、始業前に指定された項目を指定された方法で点検を行います。点検の結果はチェックリストに記入し、作業主任者が確認して保管をします。

②日常（月例）点検
　法令に定められた点検ではありませんが、作業主任者の業務として、決められた内容を一定の間隔（1カ月以内）で点検します。
③特定自主検査
　法定の検査員の資格を持った検査者が1年に1回、「動力プレス機械特定自主検査チェックリスト」に従って検査を行います。

図1-2-4 | 本質安全化の考え方（ノーハンド・イン・ダイ）

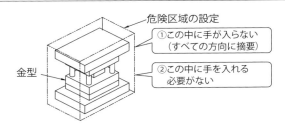

図1-2-5 | 作業主任者制度と役割

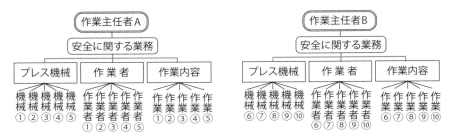

表1-2-1 | 法令に基づく点検と検査の内容

点検および検査	いつ（時期）	誰が（担当者）	どのように（基準）
始業前点検	毎日、始業前	機械の担当者	点検基準およびチェックリスト
日常点検	1カ月程度	作業主任者	作業主任者の業務規程
特定自主検査	1年未満	検査員（有資格者）	検査基準および判定基準

要点 ノート

プレス加工の安全対策は、労働安全衛生法などで厳しく規制されていて、それを守る必要がありますが、法律は理想ではなく最低限度を決めたものです。法令に違反しないから良いのではなく、それ以上の安全対策が必要です。

〈2 プレス作業の内容

段取り作業前の確認

❶顧客要求を満たす３つの生産要素
　生産を担当する場合、次の３項目を満足させることが重要です。
①品質
　これから作る製品の品質を保証することであり、図面やチェックリスト、限度見本その他で確認します（**図1-2-6**）。
②納期
　生産終了時の時間を守ることであり、これがずれると後工程の生産に悪い影響を与え、最終製品の顧客への納期が遅れる原因になります。納期管理の基本は次の工程へ製品（良品）を渡す日時であり、これを基準にその前、さらにその前の作業の締め切り時間が決まり、作業開始後はそれぞれの締め切り時間に遅れないように時間の管理をします（**図1-2-7**）。
③コスト（原価）
　決められた原価を守るには、材料の使用量および生産時間その他の原価に影響する事項を管理する必要があります。逆に作業を指示する側ではこのような内容と条件は事前に決められており、段取りをする人は事前にそれらを確認し、その通りにできる見通しを立てる必要があります。
　試し加工を繰り返したり、不良品が発生したりすると材料の使用量および作業時間が増え、原価が高くなります。高価な金型を破損すると金型償却費が高くなり、必要量以上に作り過ぎると材料費および加工費が多くなります。これらのうち、不明な点または疑問がある場合は自分で勝手に判断せず、上司に確認することが重要です。

❷トラブルを防ぐ事前の確認事項
　トラブルの原因の多くは事前の確認不足のために発生しており、事前に確認すれば防げることが多くあります。内容には次のような事項があります。
①作業指示内容の確認
②使用機器その他の確認と準備
③加工用材料、生産に必要な各種工具類の準備
④段取り作業の確認（**図1-2-8**）

⑤試し加工と品質および加工条件の確認
⑥本生産の確認
⑦後始末（後段取り）の確認

| 図 1-2-6 | 品質の確認 |

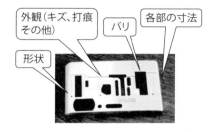

| 図 1-2-7 | 納期管理の基本 |

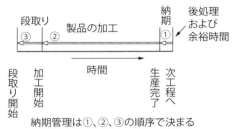

納期管理は①、②、③の順序で決まる

| 図 1-2-8 | 作業前は頭の中で準備する効果 |

その都度考えてから作業をする　　次の動作を考えながら作業をする

準備ができていない場合　　　　　準備ができている場合

要点ノート

最初の段取りは、作業の前に頭の中でこれから行う作業のすべてについて、考えを整理して確認をすることが重要です。その後の作業は途中で迷ったり、やり直しをすることが少なくなります。段取り作業が上手にできるかどうかは、手先の器用さ以上に、考えることと事前に確認をすることで決まります。

【2 プレス作業の内容

段取り作業の流れ

　段取り作業は段取り前の確認をし、その内容を頭の中で整理をし、頭の中（脳）で正しい順序に組み立て、それに従って作業を進めるのが作業の流れです。作業の初めから終わるまでの全体を頭の中にイメージし、作業中に迷ったりわからないことがないようにするのが広い意味の段取りであり、実際に行動をするのが段取り作業です。

　無駄のない段取り作業には次のようなことが重要です。

❶作業全体の内容と順序

　段取り作業の流れが頭の中で整理されていないと、トラブルが発生する、安全上問題があって危険である、作業を続けることができなくなる、無駄な時間が多くなる、などが起こる可能性が高くなります。

　図1-2-9はスライド調整の例ですが、最初から正規の高さに合わせると金型が入らず、取り付けができません。このような場合は、順序を変えて作業をやり直すことになります。

①金型その他の準備

　これから製品を作る上で必要な使用材料、金型および段取りに必要な工具などを保管場所からまとめて運搬し、機械周辺の決められた場所に置きます。これにより、遠くにある保管場所と往復する回数を少なくできます（図1-2-10）。

②作業順序

　同じ作業を行う場合でも、順序が違うとやり直したり、先に取り付けたものが邪魔になったりして後の作業ができなくなります。原則は、重なり合う場合は下から上へ、前後の場合は奥を先にします。

❷自動加工の場合の外段取り化

　自動加工の場合、金型の取り付けその他の段取りは一般に機械を止めて、人が行います。そのため段取り中は生産ができませんが、段取りのうち、機械を止めて行う必要がある作業を内段取り、機械が稼働中にできる作業を外段取りと呼んでいます。外段取りを機械の稼働中に行うと、段取り時間は同じでも機械の稼働時間（生産時間）を長くすることができます。

　外段取りの内容としては、使用後の金型の清掃その他の処置、次に使用する

32

金型の点検と準備、工具の指定場所への返却、製品およびスクラップの処置、機械周辺の清掃その他があります（**図1-2-11**）。

| 図 1-2-9 | スライド調整と金型を取り付けの順序 |

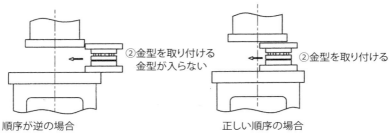

| 図 1-2-10 | 金型および必要な工具の準備 |

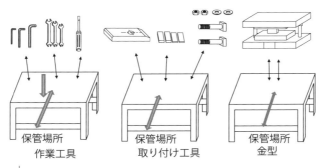

| 図 1-2-11 | 外段取りの効果 |

要点ノート

段取り作業は初めから終わりまで、その流れがきちんと頭の中に入っていないと、作業時間が長くなるだけでなく、結果の信頼性も低下します。正しい作業の流れ（手順）は無駄がなく、様々な応用が可能です。

〖2〗 プレス作業の内容

作業用工具の準備と確認

❶工具の種類と用途

　人は道具を使うことで他の動物と異なる進化を遂げ、モノづくりも道具（工具）の進歩とともに発達をしてきました。機械もコンピュータも工具の進化したものと言えます。また、工具は作業者の手足の延長とも言え、作業に合わせた最適な工具を選び、使うことは作業を進める上で重要です。

　プレス作業に必要な工具には次のようなものがあります。

①機械の操作に必要な工具

　金型と装置の取り付け、調整に必要な工具および金型をプレス機械の固定するための工具です（**図1-2-12**）。

②材料の位置決めおよびスクラップの処理に必要な工具

③手作業で加工する場合に必要な安全手工具

　主として半製品を金型に出し入れするための工具です（**図1-2-13**）。

④製品の品質を測定する測定工具

　試し加工で作った製品の検査に使用する工具です（**図1-2-14**）。

❷工具の保管と管理方法

　また、これらの工具の保管場所と保管には次の方法があります。

①工場または職場ごとに保管し、共同で使用する工具

②機械ごとに用意されている工具

③作業者個人ごとに保管し、使用する工具

　このようにそれぞれの工具は保管場所、保管の方法、管理責任などが異なり、使用後は必ず決められた場所に決められた方法で返還します。置き場所が違っていると、次に使う人に迷惑が掛かります。また、不具合に気がついた場合は保管責任者に報告し、整備をしておく必要があります。

❸工具の選択と整備

　正規の工具がない場合、他の工具を代用したり、具合の悪い工具を使用したりすると、作業がやりにくいだけでなく、相手を傷めることになります。特に、ボルトまたはナットを締め付けるスパナ、およびドライバーなどは注意と確認が必要です。

第1章　基本のキ！ プレス加工とプレス作業

| 図 1-2-12 | 金型の取り付けその他の段取り用の工具 |

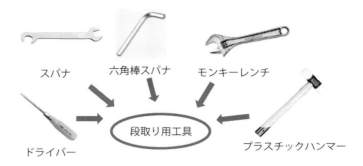

| 図 1-2-13 | 手作業用の安全手工具 |

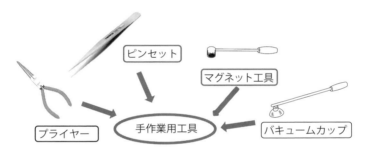

| 図 1-2-14 | 段取りおよび製品用測定工具 |

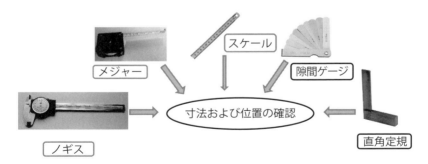

要点 ノート

作業工具は正しい用途と使い方をしたとき、最も使いやすく便利になるように作られています。作業工具はこれから行う作業全体を考え、それぞれの作業に最も合ったものを用意することが大切です。

35

【3 プレス作業の実際

使用前の金型の点検と整備

　プレス機械に取り付ける前の金型は次のような作業を行います（**図1-3-1**）。

❶加工する製品および加工内容の確認

　プレス金型は、製品の種類および加工内容ごとに専用のものを使います。これから作る製品と金型が合っているかを、金型に書かれている品名や金型番号などで確認をします。

❷清掃および給油

　保管中に付着した空気中のごみなどが、金型についている工作油などと一緒になり、粘り気のある塊となって付着しています。またガイドポストユニット、可動ストリッパおよびノックアウトなどの潤滑油が酸化し、乾燥して粘度が高くなっています。このまま使用すると可動部の焼き付き、製品の位置決め不良、製品表面の打痕およびダイの下側でかすが詰まるなどの不具合が発生しやすくなります（**図1-3-2**）。

　これら古い油を拭き取り、新しい潤滑油および工作油をつけます。特にガイドポスト、ノックアウト、ストリッパなどの可動する部品には注意が必要です。また小さな穴を抜く抜き型のダイの中には、スクラップが強く詰まっている場合があります。したがって、長期間使用していない金型の場合は取り除いておきます。

❸金型の刃先の確認

　抜き型の場合、刃先が摩耗しているとバリの発生の原因になるため、摩耗の程度を確認します。また、曲げおよび絞り型などは製品にキズがつかないように、パンチおよびダイの表面の傷などを確認します。

❹ボルトの緩みおよび破損

　プレス加工中に発生する金型が原因の事故で、非常に多いのがボルトおよびナットの緩みです。ボルトが緩むと金型部品が外れたり、位置がずれて金型を破損して危険です。特にばねを使用する可動ストリッパのストリッパボルトは、衝撃的な力を繰り返し受けるため振動で緩むと他のボルトに負担が掛かり、破損する危険があります（**図1-3-3**）。

❺上型の上面および下型の下面の拭き取り

上型の上面および下型の下面にごみ、抜きかすなどがついていると、プレス機械のスライド下面およびボルスタ上面に密着せずに傾いて取り付けされ、様々なトラブルの原因になります（図1-3-4）。

図 1-3-1 | 金型の点検

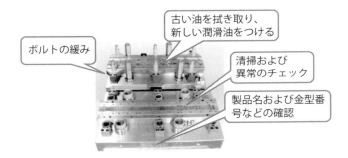

図 1-3-2 | 位置決めおよび変形の原因になる汚れ

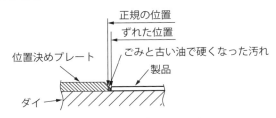

| 図 1-3-3 | ストリッパボルトの緩みと他のボルトへの負担増加 | 図 1-3-4 | 清掃不良により金型が斜めにつく例 |

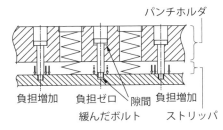
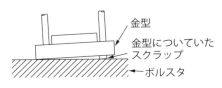

要点 ノート

プレス加工での金型は単に製品を加工するだけでなく、生産性にも大きな影響を与えます。使用前の点検で不具合が発見できないと、途中で生産を中止して金型を修理し、段取りもやり直すことになります。

【3 プレス作業の実際

プレス機械の始業前 （作業開始前）の点検

　プレス加工は、プレス機械の状態によってプレス作業の安全性や製品の品質、および生産性などに大きく影響するため、常に正常な状態に維持することが重要です。

　安全点検は法令によって始業前点検、日常点検および特定自主検査があり、プレス機械を使用する担当者が行うのが始業前点検です。始業前点検は法令を参考にどこの企業でも点検項目、点検方法および判定基準が決まっており、チェックリストの記入も義務づけられています。主な内容は次の2つです。

❶主電動機起動前の点検

　主電動機（モーター）を回す前に、主として目で見て確認をする点検であり、次のような項目があります。

○クランクシャフト、コネクチングロッドおよびコネクチングスクリュー、フライホールなどのボルトおよびナットの緩みがないかの点検をします（**図1-3-5**）。

○フレーム、スライド、フライホイールその他に亀裂および損傷などがないことを確認します。

○必要な部分に潤滑油が供給されているかの確認をします。給油方法はその都度行う方法と、オイラーなどに貯めておいて自動的に供給する方法などがあります。

❷主電動機起動後の点検

　実際に電動機を回して機能の確認をする点検であり、次のような項目があります。

①クラッチおよびブレーキの作動

　クラッチおよびブレーキを作動させ、作動状況および停止位置などに異常のないことを確認します。確認の方法は、安全一行程で上死点の停止位置のバラツキが10°以上大きくならないことです（**図1-3-6**）。

②運転操作

　実際に操作をして安全一行程（一行程一停止機構）、寸動、急停止機構などの制御装置の確認をします（**図1-3-7**）。

点検の結果は、チェックリストに正常の場合は○または∨、注意の場合は△、不良の場合は×などで記入をします。△および×の場合は作業主任者に報告し、処置の指示を受けます。正しい点検と判定をするには、その基準となる作業標準または点検マニュアルなどを学ぶ必要があります。

図 1-3-5　ボルト・ナットの緩みおよび外観のチェック場所

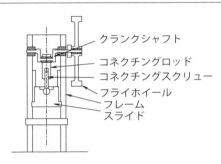

図 1-3-6　安全一行程での停止位置

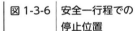

上死点の停止位置

両手押しボタンを押し続ける

図 1-3-7　運転操作の確認

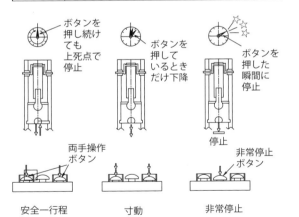

要点 ノート

担当者が行う始業前点検は、主として安全に関するものですが、その項目と点検方法は法令で決められています。しかし点検方法と、異常かどうかの判定基準はあいまいなまま行っている場合が多く、これをはっきり知ることが重要です。

【3】 プレス作業の実際

ガイドポストおよびブシュ付きの金型の取り付け

　上型と下型にガイドポストとブシュが組み込んだ金型は、金型製作時に相互の位置を合わせてあり、プレス機械に取り付けるとき、合わせる必要がなく、簡単に精度良く取り付けることができます（図1-3-8）。作業は次のような順序と方法で行います。

❶金型の準備

　金型は上型と下型の間に、高さを固定するためのハイトブロックまたは平行台などを入れた状態で準備します（図1-3-9）。これは上型を取り付けるとき、パンチとダイの表面が当たって痛めるのを防ぐためです。

　このときの高さは、実際に加工をするときよりもやや高くしておきます。初めから加工用のハイトブロックを組み込んである金型は、ハイトブロックにスペーサーを入れ、刃先が接触するのを防ぎます。

❷金型の移動と位置決め

　金型は上型と下型を組み合わせた状態で一緒に移動し、ボルスタの上に置きます。原則として金型を置く位置は機械の中心とし、ボルスタの前面と平行に置きます（図1-3-10）。

　しかし、自動加工の場合は送り装置などとの関係で変わる場合があります。このような場合は、それぞれの機械のボルスタの上に位置決めの基準となる部品を組み込み、それぞれの金型にストッパーをつけて当たるようにします。これにより早く、正確に取り付けでき、調整の必要もありません。

❸プレス機械のスライド調整

　スライドは調節ねじを金型より少し高い位置に合わせ、下死点またはそれを少し過ぎた位置まで下げ、スライド調整ねじを回してスライドと上型を密着させます。下死点の手前で止めて金型を取り付けるのは危険であり、必ず確認をします。

❹金型の固定

　上型および下型を締め付け金具その他で固定します。順序は上型が先でも下型が先でもかまいませんが、一定の方法に決めておくとよいでしょう。

❺スライドの位置の調整

スライドを上死点まで上げ、高さ設定用のブロックまたはスペーサーを外します。スライドの位置を加工時の正しい位置に合わせて固定し、切り替えスイッチを寸動にします。スライドを空運転で往復させて異常がないことを確認し、試し加工を行います。

図 1-3-8 | ガイドポストとブシュがついた金型

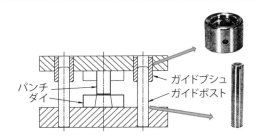

図 1-3-9 | 抜き型の高さ方向の位置合わせ

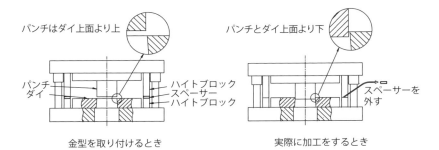

図 1-3-10 | 金型の位置決め

> **要点 ノート**
> 上型と下型の平面方向の位置関係はガイドポストとブシュで決まるので、段取りのときに調整する必要はなく、高さ方向のみの調整と確認で済みます。しかし、ボルスタ上の金型の位置と平行度には注意が必要です。

【3 プレス作業の実際

オープン金型の段取り

　プレス機械に取り付けた金型は、上型と下型の位置が平面方向に高精度で正しく合っていることが必要です。この位置を常に正しく保つため、多くの金型にはガイドポストユニットが組み込まれていますが、これがないオープン金型の場合は上型と下型は別になっており、取り付けるときに互いの位置を正しく合わせる必要があります。

　オープン金型をプレス機械に取り付けるには、先に取り付けた一方（一般に上型）を基準にして、他方（一般に下型）を合わせます。

❶上型の取り付け

　上型のシャンクを使い、これをスライドのシャンク押えで固定する場合は次の手順で行います。

①プレス機械のスライドは、シャンク押えを外し、スライド調整ねじを上に上げ、スライド位置は下死点を過ぎた位置で止めます。

②上型の高さとこれを支える台の合計の高さが、スライドの下面との間に少し隙間があるように高さを合わせます（**図1-3-11**）。

③シャンク押えを組み込み、スライド下面が上型の上面に密着するまでスライド調節ねじで下げ、シャンク押えで締め付けて固定します。

④スライドを少し上げ、上型を支えていたブロックその他を取り外します。

❷下型の取り付け

　下型をほぼ上型のほぼ真下の位置に置きます。

①抜き型の位置合わせの方法

　スライド調整ねじを回して下型のダイの中に上型のパンチを差し込みます。このとき、パンチとダイの刃先が接触しないように注意し、当たる場合は下型の位置を移動して調整します（**図1-3-12**）。クリアランスの確認は隙間ゲージなどで確認しますが、クリアランスが0.02以下の小さい抜き型は、紙を抜いてその切れた具合で片寄りを判断する方法があります。

②曲げ型の位置合わせの方法

　パンチとダイの間に被加工材と同じ材料を入れ、パンチで数回押しつけ、下型の位置を決めます（**図1-3-13**）。

③絞り型の位置合わせの方法

被加工材と同じ材料を細く切ったものを、クッション圧力を弱くしたしわ押え（ブランクホルダ）の上に十字形に置き、スライドに取り付けたダイをゆっくり降ろすと、下型は自動的に上型の中心に近づきます（**図1-3-14**）。

図 1-3-11 | 上型を支える方法

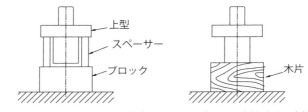

ブロックとスペーサーで支える方法　　木片でパンチを直接受ける方法

図 1-3-12 | 抜き型の位置合わせ（クリアランスの調整）

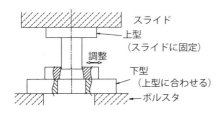

図 1-3-13 | V曲げ型の位置合わせ

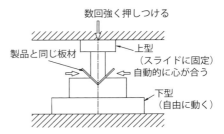

図 1-3-14 | 円筒絞り型の位置合わせ

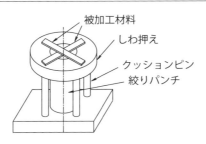

要点　ノート

オープン金型をプレス機械に取り付けるとき、上型と下型の平面方向の位置を正しく合わせる必要があります。一般に上型を先に取り付け、下型を調整しながら合わせますが、試し加工の後に製品を見て調整をする場合も多くあります。

【3】 プレス作業の実際

金型の高精度な位置決めの方法

　順送り加工およびトランスファ加工などの自動加工では、プレス機械のボルスタと金型の位置が正しくないと、材料および工程間の製品の位置が不正確になり品質不良およびトラブルの原因になります。位置決めには金型の中心の位置（前後および左右）、材料または半製品を搬送する方向との平行度の２つが必要です。位置決めの方法には次のような方法があり、実際に行われています。

❶目で見てほぼ正しい位置と方向を合わせる

　目で見てボルスタと金型の端面の位置を合わせます。単工程、手作業などの位置決めの精度をあまり必要としない場合に用いられますが、高精度の位置決めはできません。

❷スケール（物差し）で実測する

　スケールを当てて確認し、正しい位置になるように調整します（図1-3-15）。ボルスタの端面と金型の端面をスケール（物差し）で測り、金型の位置とボルスタ前面との平行度を測定します。２カ所の測定値に差がある場合はプラスチックハンマーなどで修正し、再度測定します。

❸ボルスタの端面基準とスペーサーの組合せ

　ボルスタの端面基準とスペーサーによる位置合わせは、ボルスタの端面に基準となるプレートを取り付け、それぞれの金型との間に一対のスペーサーをはさみ、位置決めをします（図1-3-16）。

　金型の大きさが様々で、端面の精度が良くないなどの場合は、専用のスペーサーを用意して補正します。ボルスタへの基準穴の加工が困難な場合に行われます。

❹ボルスタ後方の基準ピンを利用する

　ボルスタ後方に２カ所、基準穴をあけて基準となるピンを立てます。それぞれの金型には正しい位置を決めるためのブロックをつけ、これを当てて基準ピンに当てます（図1-3-17）。この方法は位置決めが正確、調整が必要なく作業が早い、作業者の個人差が少ないなど優れた点が多く、高精度な自動加工では最も広く行われています。

第1章 基本のキ！プレス加工とプレス作業

| 図 1-3-15 | スケールによる位置合わせ |

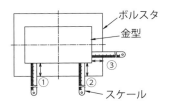

スケールで測定しながら位置を合わせる

| 図 1-3-16 | 基準プレートとスペーサーによる位置決め |

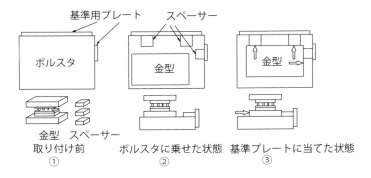

| 図 1-3-17 | 基準ピンとブロックによる位置決め |

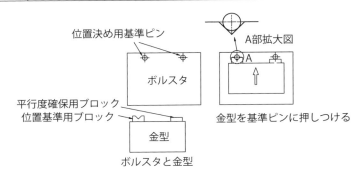

要点ノート

金型を取り付けるときの位置は、ボルスタを基準にして正しい位置に固定することが必要です。特に自動加工の場合は、送り装置その他の機器との相互位置関係が重要で、順調に自動加工できるかどうかの重要なポイントの1つです。

45

【3】 プレス作業の実際

金型の固定方法

❶金型をプレス機械に固定する方法
①シャンクによる上型のみの固定

　金型に組み込んだシャンクを利用し、スライドのシャンク押えとねじで固定します。取り付け作業は簡単ですが、上型とスライド下面の密着性が悪い、締め付け力が弱く不安定、金型とボルスタの平行度を合わせるのが困難などの欠点があります。

②ボルトおよびナットで直接固定する

　スライドおよびボルスタのねじ穴を利用し、金型にはU字形の溝をつけてこの部分に固定用のボルトを差し込み、直接締め付けます。最も確実で強く締め付けられますが、プレス機械のボルト固定用の穴またはT溝の位置が決まっており、これと合わない場合は取り付けできません。

③取り付け金具を使って固定する

　最も広く行われている代表的な方法であり、市販されている標準工具のほかに、各社で様々な取り付け工具を工夫して使用しています。

④油圧を利用した自動クランプ装置（オートクランプ）

　金型の取り付け部にクランプを合わせ、スイッチを押すと油圧で自動的に締め付けます。固定する場合に重要なことは、十分な締め付け力と左右を均等に締めることです。

❷固定する場合の注意事項と作業手順
①取り付け金具での固定方法

　取り付け金具で金型を固定する場合は、ボルトの位置を金型に近い位置にする、取り付け金具は平行に取り付ける（スペーサーで調整）、ボルトはナットから長く出さないなどが重要です（**図1-3-18**）。

　図1-3-19、**1-3-20**に悪い例を示します。

②2カ所以上で金型を固定する場合の締め付け方法

　2カ所以上で固定する場合に最も重要なことは、先に一方のみを強く締め付けず、左右または対角線方向に均一に締め付けることです（**図1-3-21**）。初めは左右均等に軽く締め、次にやや強く、最後に強く締め付けます。

一方のみを強く締め付けると、後から締め付ける側がスライドまたはボルスタに密着せず、浮いた状態で斜めになってしまいます。

| 図 1-3-18 | 金型を固定クランプで固定する場合の判断と処置 |

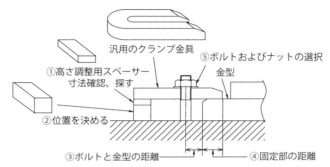

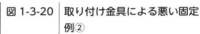

| 図 1-3-19 | 取り付け金具による悪い固定例① | 図 1-3-20 | 取り付け金具による悪い固定例② |

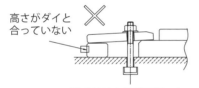
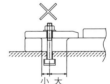

| 図 1-3-21 | 交互に締め付ける方法 |

締め付ける手順

① Aのナットを軽く締める　⇒　② Bのナットを軽く締める
③ Aのナットをやや強く締める　⇒　④ Bのナットをやや強く締める
⑤ Aのナットを強く締め付ける　⇒　⑥ Bのナットを強く締め付ける

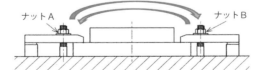

要点 / ノート

金型は、加工中に繰り返し大きな荷重と振動を受けます。このため金型をプレス機械に固定する場合は、使用中にずれないように強く締め付ける必要があり、そのために守ることが必要な基本事項があります。

【3 プレス作業の実際

ダイハイトとスライド調節

❶金型取り付け時の調整

　プレス機械のダイハイトは、スライド調整を最上部まで上げ、ストロークを下死点に下げたとき（下死点）のスライド下面とボルスタ上面の間の距離です。

　この状態で取り付けることができる金型の最大高さは、プレス機械のダイハイトであり、最小高さはダイハイトからスライド調整量を引いた高さです。金型がこれ以上高い場合は取り付けできず、これ以下の低い場合は金型の下にスペーサー（平行台）を入れて調整します（**図1-3-22**）。

　スペーサーの厚さは最大がダイハイトから金型の高さを引いた値であり、最少はこれからさらにスライド調整量を引いた値になります（**図1-3-23**）。これを事前に確認しておかないと、金型を取り付けることができなかったり、一度取り付けた金型を外してスペーサーを入れ替えることになります。

　金型を取り付けるときの下死点の位置は、パンチとダイが当たるのを防ぐため、実際に製品を加工するときより少し高くしておきます。加工用のハイトブロックが組み込まれている場合は、ハイトブロックの間に取り付けるときだけの専用のスペーサーを入れておきます。抜き型でダイを再研削したときは、ハイトブロックも同じ量だけ再研削が必要です（**図1-3-24**）。

❷金型取り付け後の下死点位置の調整

　金型を取り付け後、製品を加工する条件に合わせ、スライド調整ねじを回してスライドを下げます。実際に加工をするときの下死点の位置を決める方法には、次の方法があります。

①スライドを手回しまたは寸動で少しずつ下げ、目視で確認（抜き型のみ）

　ダイの中に残った製品またはスクラップの位置を見て判断をします。

②パンチとダイの間に被加工材またはサンプルを挟んで押しつけて確認

　曲げ型および絞り型の場合に行いますが、寸動加工と連続加工などで下死点がわずかに変わる場合があります。このような場合は実際に加工をするときの条件に合わせて調整します。

③ダイハイト計の目盛りを合わせる

実際に加工する時の高さをダイハイト計の目盛りで合わせます。

④加工用のハイトブロックに当てて下死点を決める

❸試し加工後の微調整

実際に材料を入れて加工して製品の品質を確認したとき、加工状態に合わせて微調整をする場合があります。

図 1-3-22 | プレス機械のダイハイトと金型の高さ

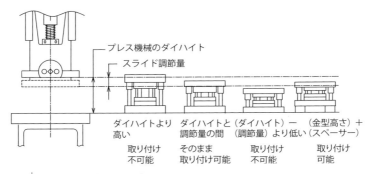

図 1-3-23 | スペーサーが必要な場合の厚さ

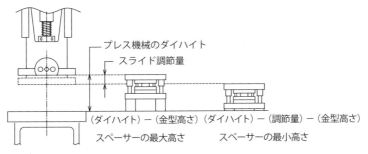

図 1-3-24 | 抜き型のダイとハイトブロックの再研削

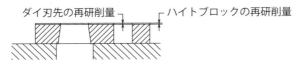

要点 ノート

ダイハイトが重要なのは、金型を取り付けるときにプレス機械と金型の高さの関係の確認と調整のためです。また実際に加工をするときの、上型と下型の距離を正確に合わせるためにも、スライドと調整は重要です。

【3 プレス作業の実際

材料の段取り

加工用の材料の段取りは次の事項があります。

❶材料の確認と運搬

使用する材料は、作業指示伝票の内容と材料に貼付されているミルシート、その他の伝票類の内容が一致していることを確認します（図1-3-25）。

❷運搬

加工用の材料は倉庫その他の保管場所に保管されており、初めに材質、板厚、切断幅を確認し、運搬台車およびフォークリフトなどで、材料供給装置の近くまで運びます。

❸材料供給装置への取り付け

プレス加工に使用する材料の段取りは、使用するときの形状や、板厚および自動化の方法などによってその方法が大きく変わります。製品1個ごとに使用するスケッチ材および定尺材を使用する幅に切断した短冊材は、指定の場所に設置したストッカーに積み重ねて置きます。コイル材は、リールスタンドおよびアンコイラーなどに取り付けます。

❹レベラーへの供給と調整

ゼンマイのように巻き取ったコイル材は解いても平らにならず、巻き癖による湾曲が残っており、そのままでは製品の品質および材料の自動搬送にも問題があります。湾曲した材料を平らにするのがレベラーであり、順送り加工などでは欠かせません。

レベラーは材料の板厚および湾曲の程度により、一対のローラーの距離を調整します（図1-3-26）。調整はレベラーを出てきた材料の平面度を検査して行います。

❺送り装置の送り量の設定と調整

金型への材料の供給は、金型ごとに指定された一定の送り量で送る必要があります。特に順送り加工などの場合は、製品および自動加工の信頼性に大きく影響するため、その条件設定と確認が重要であり、次の項目があります（図1-3-27）。

○送り量の設定と調整

○材料の高さ（送り線）の調整
○開放（リリーシング）のタイミング
　上型のパイロットパンチの先端部が搬送中の材料のパイロット穴に入ったことを確認し、送り装置を開放するタイミングを調整します（図1-3-28）。

| 図 1-3-25 | 材料伝票の確認 | 図 1-3-26 | レベラーとその調整 |

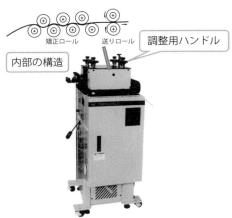

図 1-3-27 | 送り装置（ロールフィーダ）の調整

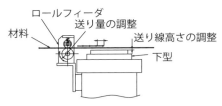

図 1-3-28 | 送り装置の開放のタイミング

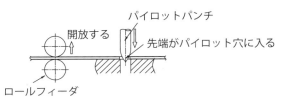

要点 ノート

自動加工の場合の材料の段取りは、材料供給装置に材料を取り付け、レベラーおよび送り装置などを通して金型へ一定量ずつ供給することです。このためには、それぞれの機器の条件設定とその確認が必要です。

【3】 プレス作業の実際

製品の取り出しと装置の調整

　プレス加工の自動化のトラブルで非常に多いのが製品の取り出しであり、金型の中に残った製品をずれた位置で再度加工したり、次に送られてきた製品と重ねて加工をすることです。これにより製品が不良品になることはもちろん、大事な金型を破損する場合も多くなります。このため、製品の取り出し方法とその信頼性は重要です。

　製品の取り出しは大きく分けて次の3つがあります。

❶金型部品に付着した製品を外す

　パンチまたはダイについている製品は、金型のストリッパおよびノックアウトなどの金型部品で外します（**図1-3-29**）。これは金型の担当であり、不完全な場合は金型を修理する必要があります。

❷金型の中から外へ取り出す

　加工の終わった製品は金型内に残っており、これを外へ取り出す必要があり、次のような方法があります。

①ダイの下へ落とす

　最終工程で外形抜きを行い、ダイの下へ落とす方法です。装置も作業も簡単で信頼性も高く、高速加工にも対応できるなど優れた方法です。

　落下する製品は、散らないようにシュートで回収します（**図1-3-30**）。しかし、製品の大きさが限られる、抜き落とし以外は使えないなど用途は限られています。

②圧縮空気で飛ばす

　金型の上に残った製品を、横からノズルで吹き飛ばします。最も簡単な方法ですが、飛び方が不安定で、回収には注意と対策が必要です（**図1-3-31**）。

③専用の装置で取り出す

　金型に組み込んだり、機械に取り付けた専用の装置で製品をつかんで取り出します。取り出し用のプレス用ロボットもあります。

④自動機で搬送と同時に取り出しも行う

　トランスファ装置など、多工程の工程間を自動搬送する装置の最終ステージで取り出しを行います。

52

❸金型から排出された製品を機械の外の容器などに収納する

金型の外へ取り出した製品を集め、プレス機械の外の容器などに収納する装置です。一般に、勾配をつけたシュート上を滑らせながら集めて、容器に入れます。シュートを使用する場合は一定以上の勾配が必要なこと、シュートの上面と製品が工作油などで密着しないことなどが必要です（図1-3-32）。

図 1-3-29 | 金型部品から外す方法

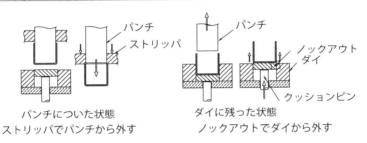

パンチについた状態
ストリッパでパンチから外す

ダイに残った状態
ノックアウトでダイから外す

図 1-3-30 | 自由落下とシュートでの回収

図 1-3-31 | 圧縮空気で飛ばす場合の回収装置

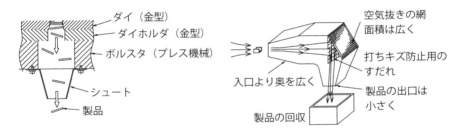

図 1-3-32 | シュートの角度と対策例

鋼板製のシュート
表面に凹凸をつけて滑りやすくする
振動、圧縮空気などを併用する

> **要点 ノート**
>
> 金型から出てくる製品は、形状と大きさ、取り出し方およびその方向などが様々であり、その上、自動加工の場合は1分間当たりの生産量も様々です。金型の中に製品が残ると、金型の破損などの重大な事故につながります。

【3 プレス作業の実際

スクラップの取り出しと収納

　抜き加工でのスクラップは、穴抜き加工による比較的小さなスクラップ、製品の周辺を縁切り（トリミング）したときのスクラップ、順送り加工で製品を切り離した後の帯状のスクラップなどがあり、これによりスクラップの形状も取り出す方法もまったく異なります。

❶穴抜き加工によるスクラップ

　穴抜き加工のスクラップ処理で、最大の問題はかすが詰まることです。そのまま使用していると製品の品質不良、材料の送り不良および金型の破損などのトラブルの原因になります。

　金型が原因の場合はメンテナンス部門に修正を依頼しますが、段取りが原因の場合は次のようなものがあります。

①スペーサーで金型の後方をふさぐ

　原因は、金型のスクラップを落とす穴とダイハイト調整用のブロックの位置が悪く、金型後方の穴をふさいでしまいます（**図1-3-33**）。

②ボルスタ穴が小さい

　ボルスタの逃がし穴が小さい場合、ボルスタ上面でスクラップ排出用の穴を塞いでしまいます（**図1-3-34**）。対策としては、スペーサーとシュートを組み合わせて使う方法があります（**図1-3-35**）。

③シュート内で詰まる

　スクラップ用シュートの中でスクラップが絡み合って詰まります。スクラップは工作油が接着剤の役割をし、シュートに密着しやすくなります。順送り加工など、機械の中心からずれた位置で穴あけをする場合は、金型を取り付ける前にこれらを確認してプレス機械を選ぶ必要があります。

❷トリミングのスクラップの取り出し

　絞り加工および成形加工などが済んだ製品の周辺は形状が安定せず、金型でトリミングをします。トリミングのスクラップは異形の輪（リング状）になっているため、2カ所またはそれ以上に切断して排出します（**図1-3-36**）。スクラップは形状、大きさおよび排出方向が様々であり、それに応じた対策が必要です。

段取りを始める前にスクラップの形状と排出方法を調べ、疑問がある場合は上司に確認をします。

図 1-3-33 | スペーサーの位置ずれによるスクラップの詰まり

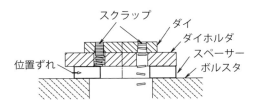

図 1-3-34 | ボルスタ穴が小さいためのかす詰まり

図 1-3-35 | ボルスタ穴が小さい場合の対策例

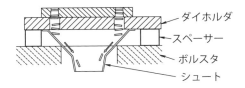

図 1-3-36 | トリミングのスクラップの切断と排出

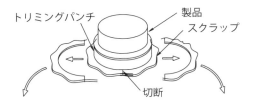

要点 ノート

スクラップの取り出しで最大の問題は、金型および取り出し装置などの中で詰まることです。スクラップが詰まると危険な上、高価な金型を破損することもあります。原因を知ることで様々な対策が可能になります。

【3】プレス作業の実際

本作業前の安全対策の確認

　プレス作業は安全第一であり、その基本は、スライドが下降しているときは金型の間に手が入らないことです。段取りを終えて、本作業に移る前に生産が終了するまでの安全が確保できることを確認します。これは金型その他を変えて別の製品を作る場合、その都度加工と作業の内容が変わるためです。

❶手作業の場合

①安全囲いを使用する場合は作業内容に合っていること

　手作業でブランク抜きを行う場合などに用いられる安全囲いは、その位置から金型の距離によって開口部の許容寸法（幅）が変わります。金型を変える場合は確認が必要です（図1-3-37、1-3-38）。

②安全装置と手工具との併用

　手作業は加工のたびに金型の中に手を入れるため、安全装置を使っていても安全とは言えません。この対策としてピンセットを併用する場合、ピンセットの持ち方によっては危険区域に指が入ってしまいます（図1-3-39）。真空カップの場合は、真空カップの面積以上の平面部が必要です（図1-3-40）。

❷自動加工の場合

①製品およびスクラップの取り出しが確実にできること

　自動加工の場合、加工中に金型の中へ手を入れる必要はありませんが、異常があるとうっかり手を入れる危険があります。自動加工中の異常発生では、製品またはスクラップが詰まる事故が多く、その信頼性を確認します。

②安全装置の確認

　安全装置の機能を、始業前点検とは別に再度確認します。

③異常を検出する装置の確認

　自動運転中に異常が発生した場合、そのまま生産を続けると、不良品の発生、金型および機械の破損など重大な事故の原因になります。この対策として、異常を検出して機械を急停止させる装置には様々なものがあります。

　これらの検出装置は製品、金型および加工内容などによって高精度な条件設定が必要です。また、スイッチを入れるのを忘れたり断線などがあったりすると検出できないため、配線部の確認が重要です。

第1章　基本のキ！プレス加工とプレス作業

図 1-3-37　安全囲いの距離と開口部の幅

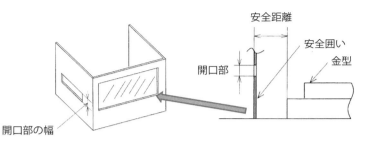

図 1-3-38　安全距離と開口部の隙間の大きさ　　図 1-3-39　ピンセットを使う場合の指の位置

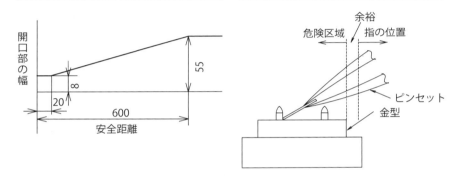

図 1-3-40　真空カップの使用

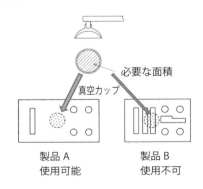

要点　ノート

プレス機械と安全装置の始業前点検は1日に1回行います。金型および段取りを変えて別の製品を作る場合は、最初の条件と変わっていることが多く、それぞれの作業に合わせて再度、確認をする必要があります。

【3】プレス作業の実際

試し加工と製品および作業内容の確認

　段取りを終わった後の試し加工は、実際の製品を作るときの条件と同じ方法で行います。特に自動加工では、連続加工で作り、生産速度（spm）なども実際の生産と同じ条件で行い、次の確認をします。

❶生産する製品全体の品質を予測し、保証する

　この方法は、少ないサンプルを検査し、作った製品全体（ロット）の品質を保証する抜き取り検査の一種です。

　生産の開始から完了までには金型の摩耗、材料の交換、プレス機械の下死点のバラツキなどの加工条件の変化などで製品全体のバラツキが大きくなります。これらに対する余裕を考えて合否の判定をします（図1-3-41）。このとき、過去のデータと管理図の活用が有効です（図1-3-42）。

　振動および塵埃などを避けること、および専門的な測定技術が必要な高精度測定機での測定は、専門の検査部門などに依頼をします（図1-3-43）。サンプルの検査が不合格の場合は、プレス機械および装置の調整、金型の整備などが必要になり、それらが済んだ後に再度試し加工と検査をします。外観検査は、サンプルおよび限度見本などを参考に、ルーペや実体顕微鏡などで確認をします。

❷生産する上で不具合がないことの確認

　自動加工の場合、原則として生産中の機械には人が居ないため、異常があっても発見できないと大きな事故につながるため、材料および半製品の搬送、製品およびスクラップの取り出しなどに支障のないことを確認します。

図 1-3-41 ｜ サンプルの測定と生産のための判定

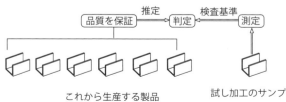

生産速度（spm）は初めから一定の速度で行う方法と、低い速度でスタートし、慣らし運転をしながら徐々に高くする方法があります。いずれの場合も決められたspmで生産することが重要であり、これを変えて生産する場合は、品質および生産性に影響するため、上司の許可を得ることが必要です。製品の品質および生産上の問題がないと判断したら、本格的な生産をスタートさせます（図1-3-44）。

図 1-3-42 | 寸法の測定値を管理する管理図

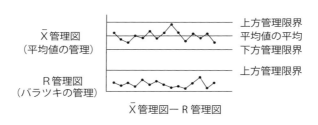

図 1-3-43 | 高精度精密測定機

図 1-3-44 | 試し加工とその後の処置

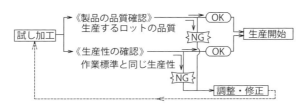

要点 ノート

試し加工は実際の生産と同じ条件でサンプルを作り、製品の品質と生産状況の確認をします。これらに問題があれば、金型の修理および機器の調整などに着手し、再度試し加工と確認作業を行い、不合格の場合はこれを繰り返します。

【3 プレス作業の実際

単工程・手作業での作業

　単工程・手作業は材料または加工前の半製品を、手作業で金型の中へ入れて加工し、加工後の製品を手作業で取り出す作業です。毎回金型の中に手を入れる作業のため、安全対策が最も重要であり、安全装置と合わせて、安全手工具を使用する必要があります。

❶加工作業
　加工のための基本動作は次の３つです（**図1-3-45**）。

①加工前の半製品を金型の中へ入れる

　スライドが上死点で停止した状態で、加工前の材料または加工前の半製品を入れます（右利きの人は右手）。

②加工をする

　両手押しボタンを押してスライド（上型）を下降させ、加工をします。

③金型から取り出す

　スライドが上死点で停止した状態で、金型の中の残った製品を外に出します（右利きの人は左手）。作業のポイントは、両手を使ってこの３つの動作を一定のリズムで繰り返すことですが、最初の１個を金型に入れた後は③－①－②の順になり、これを繰り返します。

　金型に不具合がありこのリズムが乱れる場合は、金型を整備してから作業をします。そのまま加工を続けることは、生産性が悪いだけでなく、人にとっても危険です。

❷注意事項
①金型に半製品を入れる場合正しい位置に正確に入れる

　加工前の半製品が位置決めプレートなどに正しく入っていないと、製品が不良品になるだけでなく、金型を痛める危険があります（**図1-3-46**）。

②製品の取り出しは確実に行う

　加工後の製品が上型についたまま、次の半製品を入れて加工をすると、２枚重ねて加工をすることになり、非常に危険です（**図1-3-47**）。加工後の製品の取り出しを確実に行うよう注意が必要です。

60

③加工前後の製品を混入しないこと

　加工前の半製品と加工後の製品の置く場所が近過ぎたり、乱雑に置いてあったりすると加工前と後の製品が混入し、行程漏れの不良品が発生します（図1-3-48）。

| 図 1-3-45 | 2個目以降の通常の作業手順 |

| 図 1-3-46 | ブランクの挿入不良の例 |

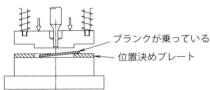

| 図 1-3-47 | 材料（製品）を2枚重ねて加工をする例 |

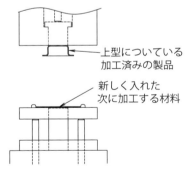

| 図 1-3-48 | 工程漏れによる不良品が混入する例 |

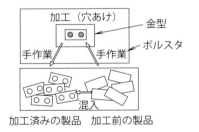

> **要点ノート**
> 単工程での手作業は単純な作業の繰り返しですが、安全性が低く生産性の大部分は作業者によって決まります。このため正しい作業方法を学んで、これを実行し、慣れるまで繰り返すことが大切です。

【3】プレス作業の実際

自動加工での作業

　プレス加工での自動化は、その種類とレベルによって大きく分かれ、これにより担当者の作業内容も大きく変わります。

❶比較的簡単な作業

①製品の取り出しのみを自動化したもの

　圧縮空気での製品の排出、専用の取り出し装置を使用した取り出しなどがあります（図1-3-49）。人が行う作業は材料または半製品の挿入のみになり、安全性と生産性が向上します。

②単工程の自動化

　材料または加工前の半製品を金型の中へ、プッシャーフィーダ、プレス用ロボットその他の供給装置で自動的に供給し、①の取り出しの自動化と合わせて半製品の挿入と取り出す作業を人が行う必要はなくなります（図1-3-50）。

❷複雑な作業

③1台のプレス機械の中で多くの工程を自動加工する

　順送り加工およびトランスファ加工などはその代表的な例です。材料から加工を完了した製品までの多工程を1台の機械で連続して生産でき、生産性は大幅に向上します。人が行う主な作業は、材料の供給および加工後の製品の処置など一定間隔ごとの処理と、異常が発生した場合の処置などになります。

④ライン化した自動化

　複数のプレス機械およびその他の自動機などを並べ、その間の半製品をプレス用ロボットその他で搬送します。また、プレス機械の中間で製品の反転、検査、プレス加工以外の加工などを行うこともできます（図1-3-51）。担当者の作業は上記の③とほぼ同じです。

❸加工以外の作業

⑤生産中の監視と異常が発生した場合の機械の停止

　生産中に発生する異常の発見と機械の停止は、金型またはプレス機械に取り付けた様々なセンサーで可能になります。図1-3-52は、材料の送り不良を検出するミスフィード検出装置からプレス機械の停止までに、各機器が作動する動きを示したものです。

⑥ 段取り作業の自動化

　材料、金型などを運搬し機械に取り付け、加工内容に合わせた調整などを自動的に行います。試し加工および結果の確認までできるシステムもあります。

| 図 1-3-49 | 上型から製品を取り出す装置の例 | 図 1-3-50 | マガジンプッシャーフィーダ（1工程のみの自動化） |

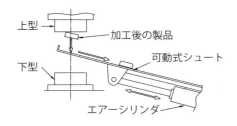
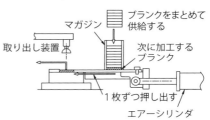

| 図 1-3-51 | 自動化ラインの定常作業 |

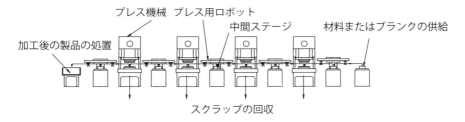

| 図 1-3-52 | 異常の検出からスライドが停止するまでの流れ |

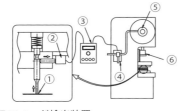

ミスフィード検出装置

①センサーが異常を検知
②電気信号に変える
③制御装置（電磁弁の制御指示）
④電磁弁で圧縮空気を抜く
⑤クラッチが切れ、ブレーキが締まる
⑥スライドが停止する

クラッチが切れ、ブレーキが締まる

要点 ノート

プレス加工の場合、作業全体のほんの一部を自動化したものから、全体を無人状態で生産するものまで様々です。すべてを手作業で行う方法を十分理解していれば、大部分の自動加工での作業に対処できます。

【3 プレス作業の実際

工程検査とロット区分

❶工程検査

　生産するときに行う抜き取り検査には、生産開始時に行う初品検査、生産途中で一定間隔ごとに行う中間検査、および生産完了時に行う終了時検査などがあります。生産数が多い場合、一定の間隔で中間検査をして良品であることを確認します（**図1-3-53**）。

　工程検査は一定間隔ごとにサンプルを抜き取って行いますが、プレス加工は製品の品質の大部分が金型で決まり、加工中の変化が少ないため検査間隔は長く、サンプル数は少なくできます（**図1-3-54**）。しかし、金型を修理した場合などでの変化が大きいため、そのときは初品検査と同じ検査が必要です。中間検査の検査中は機械を止めておき、合格の判定が出た後に再スタートをする方法と、生産を続けながら検査をする方法があります。

❷ロットとその区分

　同じ条件で作った製品の集まりをロット（Lot）と呼び、多くの製品を1つにまとめて扱います。プレス加工の場合、金型、プレス機械および装置、材料の種類および生産ロット、加工方法（加工条件）などが同じ場合、1つのロットとして扱います。

　生産途中でプレス機械または装置を変えた、材料のロット番号が変わった、金型に不具合が出て修理または調整したなどのときは、加工条件が変わったものとして製品のロットを別にします（**図1-3-55**）。生産中にこれらの条件が変わった場合、まずはロットを分け、製品を入れた容器を別にして保管し、伝票にその内容を記入します。条件の違うロットを混ぜてしまった場合は、すべての製品を全数検査するか、できない場合は廃棄しなければなりません。

　複数の工程を経て製品になる場合、製品の容器を積み上げると最初の工程と次の工程で順序が変わり、途中工程で異常があった場合、その範囲を特定できません（**図1-3-56**）。最初から最後の工程まで生産の順番が変わらないように、運搬および保管のルールを決め、容器には生産順序を示したメモなどを入れておきます。

　これは単に生産した製品が良品か不良品かと言うことだけではなく、その部

品を使った商品に不具合が発生した場合、その対象品と不具合の原因を特定する上で非常に重要です。これをトレーサビリティといい、不良品の範囲が特定できない場合は、生産したすべての製品が不良品になります。

図 1-3-53　多量生産品の抜き取り検査

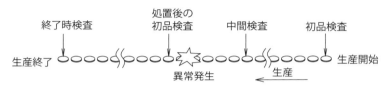

図 1-3-54　生産中の平均値とバラツキの変化

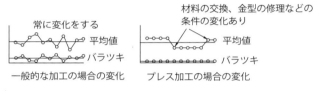

図 1-3-55　ロットが同じ場合と異なる場合

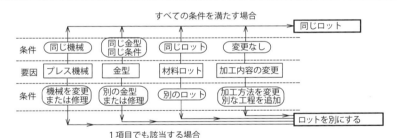

図 1-3-56　容器を積み重ねるため途中工程で容器の順番が逆になる例

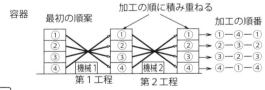

要点 ノート

プレス加工は品質の大部分が金型で決まり、生産中の寸法の変化が少ない特徴があります。このため工程検査で全体の品質を確認することが容易です。また、品質が変化をする要因を管理するだけで、ロットの管理も容易です。

作業終了時の製品と帳票類の取り扱い

〈3 プレス作業の実際

プレス加工後の製品がそのまま顧客に出荷される場合、品質の確認は品質保証部門で完成品検査または出荷検査を行い、合格したことを保証します。

❶現品の処置と移動

プレス加工を完了した製品がそのまま製品として出荷される例は少なく、大部分の製品は後工程で脱脂（洗浄）バリ取り、熱処理、めっきまたは塗装などが行われます（**図1-3-57**）。このような場合は工程間検査で品質を保証し、後工程に移管します。品質不良および数量の不足などがあると、追加の生産が必要になりますが、これは後工程も同様です。

また、次工程の人が作業をしやすいように運ぶタイミング、製品の置き場所と置き方なども注意が必要です。常に「次工程はお客様」と考えることが大切です。

完成品の数量の確認（保証）は、製造部門の担当者が計数をして保証をする方法と、出荷部門などで別に計数をする方法があります。製造部門の担当者が生産数量に責任を持つ場合は、プレス機械に取り付けたカウンターで数量の管理をします（**図1-3-58**）。このとき、調整中の試し加工品および異常が発生したときの前後の製品などが混入しないように、厳重な注意が必要です。

同じ製品でもロットが違う場合は現品を明確に分け、それぞれに必要な事項を記入した伝票を添付します（**図1-3-59**）。

❷帳票類の処置

必要な事務処理は、企業によって管理の方法および帳票類の種類と記入内容などが異なるため、その規則に従って処理します。紙の伝票ではなくコンピュータまたはタブレットなどの端末に直接入力する場合は、特に規則通りに入力その他の処理をすることが重要です。代表的な例として次のようなものがあります。

①作業の実績報告

作業日報など、一日の勤務時間内の作業内容とその時間を報告するもので、原価計算、作業実績の評価、今後の作業改善などに使用します（**図1-3-60**）。

②製品の品質保証

初物検査その他の検査結果を記入した検査表およびチェックリストなどは、決められた手続で処理します。

③異常の報告および改善提案

段取りおよび生産中に起こった不良品およびトラブルは、改善と進歩のための貴重な情報であり、次の生産に生かすことができます。

| 図 1-3-57 | プレス加工後に追加される工程の例 |

| 図 1-3-58 | プレス機械に取り付けるカウンター |

加工完了品
― バリ取り（バレル仕上げほか）
― 洗浄、脱脂
― 表面処理（めっき、塗装ほか）
― 追加加工（タッピング、面取りその他）
― 他のプレス加工品と結合（溶接その他）
― 組立（プレス加工品以外との組立）

| 図 1-3-59 | 同一生産品でのロット区分 |

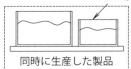

| 図 1-3-60 | 作業日報（部分） |

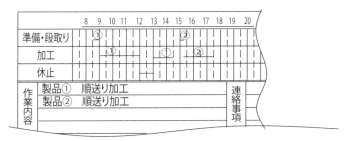

要点 ノート

プレス加工では加工が終わった後、製品の確認および決められた場所への移動のほか、様々な事務処理が必要です。特にロット区分と区分内容の明確化などは、現品とともに帳票類での明確化も重要です。

【3】プレス作業の実際

金型の取り外しと収納

❶金型の取り外し作業

　生産を終了したガイドポスト付きの金型は、次の手順でプレス機械から外します。

①スライドの位置を決める

　スライドを寸動で下降させ、下死点を過ぎて下型との間に隙間ができる位置で止めます（**図1-3-61**）。

②モーターを止める

　モーターを止め、フライホイールが停止したことを確認してから金型を外す作業を始めます。

③上型と下型の間にブロックまたはスペーサーを入れる

　上型を外すとき、クランプを緩めると下型の上に落下して金型部品を傷める危険があり、上型と下型との間のブロックを入れて上型を受けます。ハイトブロックを使用している場合は、ハイトブロックの間にスペーサーを入れます。

④上型を固定していたクランプのボルト少し緩める

　緩める方法は1回緩めた後、軽く締め付けて調整します。複数のクランプを使用している場合は、正しい順序で外します（**図1-3-62**）、外す順序は初めに少し緩め（1/2回転以下）その後で同じ順序で完全に緩めて外します。

⑤下型のクランプを緩めて外す

　ボルトを緩める方法と順序は上型の場合と同じです。

⑥金型全体を機械から外す

❷金型の点検と整備

　機械から外した金型は、汚れた潤滑油と工作油および汚れなどを拭き取り、新しい潤滑油をつけておきます。金型は始業前にも点検をしますが、使用後の点検の方が重要です。その理由は、実際に生産した製品と生産状況がよくわかり、不具合などを見つけやすいためです。

　点検と整備は、上型を下型から外してパンチ・ダイその他の部品が見えるようにします（**図1-3-63**）。

68

❸金型の保管

　金型は金型倉庫または専用の棚などに収納しますが、保管中に錆の発生、塵埃の付着などがないようにします。金型は水平に置くことが重要であり、また金型の上に金型を重ねておかないようにします（**図**1-3-64）。

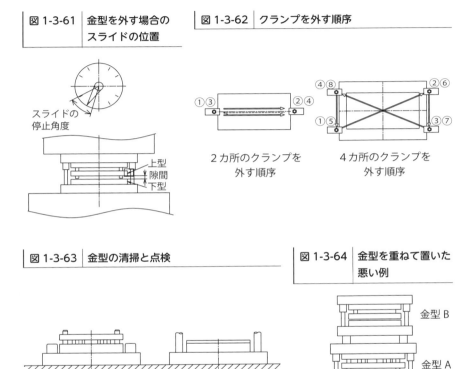

| 図 1-3-61 | 金型を外す場合のスライドの位置 |
| 図 1-3-62 | クランプを外す順序 |

2カ所のクランプを外す順序

4カ所のクランプを外す順序

| 図 1-3-63 | 金型の清掃と点検 |
| 図 1-3-64 | 金型を重ねて置いた悪い例 |

上型　　下型

金型B
金型A

> **要点 ノート**
> 金型は取り外し時に金型を痛め、部品を破損することがあります。原因の多くは上型と下型を衝突させることです。また、金型の点検は作業開始のとき以上に重要であり、次回に使用するときの生産に大きく影響します。

【3 プレス作業の実際

プレス機械および周辺装置
などの後処理

❶使用後のプレス機械の後処理

　生産が終わったプレス機械の後処理は、単なる後片づけではなく、次に機械
を使用するための準備作業と考え、始業前の標準の状態に戻すと考えることが
重要です。

①上死点でスライド停止

　スライドは上死点で停止させ、スライド調節ねじは1番上まで上げておきま
す。

②ノックアウトバーの調整

　ノックアウトストッパは位置を固定しているねじを緩め、1番上の安全な位
置まで上げておくか、またはノックアウトバーを外しておきます（図1-3-
65)。

③切り替えスイッチキーの返却

　機械の操作に切り替えスイッチを使用している場合は、切り替えスイッチ
キーを作業主任者に返却し、作業主任者がこれを管理をします。

④機械および機械周辺の清掃

　特にスライド下面およびボルスタ上面は、汚れをきれいに拭き取っておきま
す。そして、ボルスタのT溝の中のスクラップはきれいに除いておきます（図
1-3-66)。機械周辺の床も清掃しておきます。特に油はこぼれていると滑って
危険であり、スクラップが飛散しているとケガをする危険があるため注意が必
要です。

⑤作業工具の返却

　個人で管理する工具以外の工具は決められた場所に返却します。

❷周辺装置

　製品およびスクラップを取り出すためのシュート、ベルトコンベア、圧縮空
気用のノズルなどをそれぞれ所定の場所に戻しておきます。ダイクッションは
圧縮空気のバルブを閉め、空気を抜いて下へ下げておきます。

❸電気機器、空圧機器その他

　電源は機械の主電源を切るとともに、配電盤のスイッチを切っておきます。

プレス機械とは別の回路が使われているセンサーその他に使用した電源も、合わせて切っておきます。
　空圧機器は次のように後処理をします。
①機械に付いている圧縮空気回路のストップバルブを閉める
②エアー3点セットに溜まった水分を抜く
　ドレン排出弁で、空気と一緒に溜まった水分（ドレン）を抜き取ります（図1-3-67）。

| 図 1-3-65 | スライドとノックアウトバーの位置 |

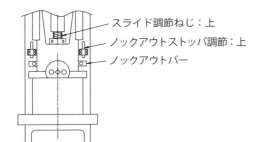

スライド調節ねじ：上
ノックアウトストッパ調節：上
ノックアウトバー

| 図 1-3-66 | 清掃が必要なT溝内 |

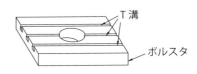

T溝
ボルスタ

| 図 1-3-67 | エアー3点セット |

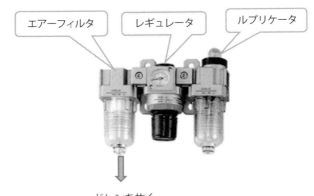

エアーフィルタ　レギュレータ　ルプリケータ

ドレンを抜く

要点 ノート

プレス機械および周辺装置の点検は、済んだ作業の処置だけではなく、次に生産するときに備えた準備と考える必要があります。対策は使用前の初期の設定内容を知り、これに合わせることです。

❮4❯ 用途別作業と段取り

ブランク抜き作業

❶ブランク抜き作業

　ブランク抜きは外形抜きとも呼ばれます。プレス加工の最も基本となる作業です。図1-4-1のブランク抜き金型を用いて、図1-4-2のような加工をします（図はスクラップ部分）。作業方法としては、コイル材を送り装置でブランク抜き金型に自動送りして加工する作業と、短冊材を使っての単発加工（手作業で作業者が材料送りをする）で作業する方法、短冊材を自動送りして作業する方法の3通りがあります。

❷ブランク抜き材の安定保持

　短冊材を使っての単発作業では、短冊材が金型の両側にはみ出して不安定となり、両手押しボタン操作での作業が行いにくく、安全とは言えなくなります。そこで、図1-4-3のように何らかの方法で短冊材を受け、安定化させる工夫が必要です。金型に保持部をつけると金型保管スペースが大きくなるので、作業段取りで対応することが望ましいです。

❸品質点検

　作業初めに品質の確認を行います。ブランクの形状と寸法は金型で決まっていますから、チェックは外観となります。キズの有無やバリの大きさ点検と抜き反りが主な内容となります（図1-4-4、1-4-5）。また切り口面を見て、せん断状態に異常がないかも確認します。点検内容に異常と判断できるものがあれば、作業を進めずに金型保全を行います。

❹スクラップの処理

　ブランク抜き作業でのスクラップはかさばるので、コイル材での作業ではスクラップカッターでチップ化するか巻き取るなどして、扱いやすくする工夫をします。短冊材の作業では、図1-4-6のように重ねるなどして処理しやすくしておきます。乱雑に床に放置すると通路をふさいだり、後始末の作業に時間がかかったりするためよくありません。

❺製品の扱い

　ブランクは板状なので容器に意外と多く入ります。容器への収納は、数量とともに重量にも注意して、運搬に支障がない状態を保つようにします。

| 図 1-4-1 | ブランク抜き金型 |

| 図 1-4-2 | ブランク抜きスケルトン |

| 図 1-4-3 | 短冊材の安定保持 |

短冊材
ジャッキ利用例

| 図 1-4-4 | 抜け状態・外観点検 |

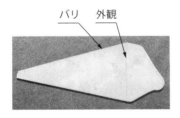

バリ　外観

| 図 1-4-5 | 抜き反りの点検 |

| 図 1-4-6 | スクラップは扱いやすくまとめる |

要点ノート

ブランク抜き作業は容易な作業と言えますが、短冊材での単発作業は意外と不安定になりやすいところがあります。また、たかがブランク抜きと侮らず点検もしっかり行いましょう。

【4】用途別作業と段取り

穴抜き・分断作業

❶穴抜き作業
　穴抜き作業は、ブランク材に穴抜きを行うものです（図1-4-7）。加工に必要な金型は図1-4-8の構造となります。ブランク材を押さえながら加工することで、平坦度を保つように考えられています。切欠きや分断の加工も穴抜きと類似した内容なので、作業内容、金型構造もほぼ同じと考えて差し支えありません。穴抜き作業は作業者がブランクを金型内に入れ、出しする単発加工となることが多く、左右が対称となる製品ではブランクの方向決めがあると作業効率を高めることができます。

❷品質点検
　穴抜きの品質点検は外形と穴の関係、穴加工が複数工程あるときには工程間の関係寸法の確認が必要です。バリや外観に関する点検も行います。特に外形に近い穴の変形や、かす上がりによる打痕などにも注意が必要です（図1-4-9、1-4-10）。

❸ブランク保持
　長い製品への穴抜き作業で、ブランクが金型からはみ出すような製品では、ブランクが安定するような保持方法を取ります（図1-4-11）。曲げや成形後の穴抜きでは、平面にブランクを置いて加工できるものばかりではありません。時には曲げ製品を立てて、穴加工することもあります。このような場合でも、ブランク保持が安定するように工夫します。

❹スクラップ処理
　穴抜きのスクラップは図1-4-12のように散乱しがちです。特に丸穴抜きの

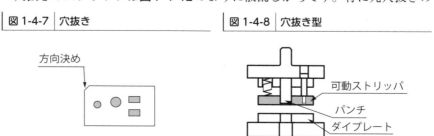

| 図 1-4-7 | 穴抜き | | 図 1-4-8 | 穴抜き型 |

スクラップは転がり、広く散乱します。その結果、作業後の清掃にも時間がかかります。手抜きしてスクラップを残したままにすると、次の作業段取りの際に、ボルスタと金型間にスクラップを挟んで段取りすることも起きます。スクラップはシュートやコンベア、または専用容器に散乱することなく回収できるようにします。

| 図 1-4-9 | 穴縁の変形 | 図 1-4-10 | かす上がり打痕 |

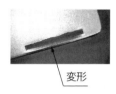
変形

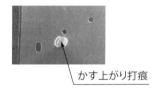
かす上がり打痕

| 図 1-4-11 | 穴抜きブランク保持の安定化 |

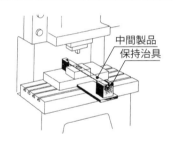
中間製品
保持治具

| 図 1-4-12 | 散乱するスクラップ |

要点 ノート

製品にはたいてい穴があります。穴抜き作業が多いことを意味します。穴抜きは金型で寸法精度が決まる部分と、工程間の位置決めの関係が影響する部分があり、品質点検の要点となります。スクラップが散乱しやすいので回収方法を工夫しましょう。

【4】用途別作業と段取り

切断作業

❶切断作業
　切断は、1本の線で切る作業のことを指します（図1-4-13）。加工の方法は、図1-4-14のように金型を使って行う方法と、図1-4-15に示すシヤーリングマシン（裁断機）を使って行う方法があります。切断製品の各部の状態は図1-4-16に示すようになります。
　切断作業は金型、シヤーリングマシンともに材料をストッパに突き当てて、位置決めとして切断します。両作業ともに、身体の一部が危険な部分に近づかないように安全対策を講じます。

❷切断の内容
　金型での加工では自由に加工ラインを作ることができます（図1-4-17）。このことを利用して、材料歩留りを高めるようにした製品もあります。
　シヤーリングマシンの加工では直線の切断しかできません。シヤーリングを利用してブランクを作ることは少なく、定尺材からブランク抜き作業に用いる材料である短冊材の加工に使われることが多いです（図1-4-18）。

❸品質点検
　切断作業では切断時に材料が傾き、切断切り口が斜めになる傾向にあります。この点に注意することに加え、これに伴って発生するバリが大きくなることがあります。このようなところに点検ポイントを置きます。また、ストッパ

| 図1-4-13 | 切断加工 | 図1-4-14 | 切断金型 |

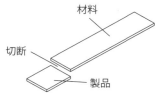
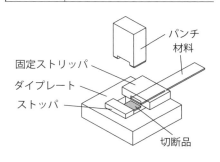

への材料の当て方で切断寸法が変動します。厳しい精度要求は控えた方が望ましいです。

| 図 1-4-15 | シヤーリングマシン |

| 図 1-4-16 | 切断製品の各部の状態 |

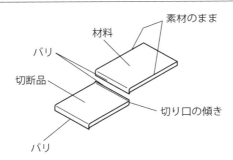

| 図 1-4-17 | 金型での切断 |
| 図 1-4-18 | シヤーリングでの切断 |

> **要点ノート**
> 切断作業は、突き当て（ストッパ）に材料を押し当てて切る作業です。切断寸法がばらつきやすいことと、切り口面が傾きやすい点に注意して作業します。

【4 用途別作業と段取り

トリミング作業

❶トリミング作業

　トリミング作業は、**図1-4-19**に示すように絞りや成形品の縁が加工に伴って変形した部分を切り直して、きれいな形状に仕上げる作業です。トリミング作業のポイントは金型内に加工品を入れにくいことと、加工後のスクラップの取り出しが面倒なことです。

　図1-4-20(a)はフランジのある成形品のトリミングです。切られたスクラップはリングになります。回収するためにはスクラップカッター（複数）でリングを切り、外に取り出します。分割スクラップは金型上に残るためシュートで回収しますが、残るものもあり、定期的な清掃が必要な場合が多いです。

　図1-4-20(b)はフランジのない絞り製品のトリミングです。よろめき型（シミーダイ）と呼ぶカムで動作する構造の金型を使って横に切り、図のようなスクラップを出します。このスクラップは製品とともに金型から排出されるので、分離が必要です。製品への混入の危険もあります。トリミング作業はスクラップの処理に課題があります。

❷トリミングの分割

　大きな製品やフランジのない絞り品では、スクラップの回収を容易にするため複数工程に分けて加工して、スクラップ処理作業を容易にする工夫も必要です（**図1-4-21**(a)）。図1-4-21(b)のように分割する方法もありますが、四方にスクラップが広がるため作業者側にも出てきます。加工品を金型内に入れる、取り出すこととスクラップの定期的な処理作業が伴います。

　ラインペーサーなどの自動作業では、確実なスクラップ排出ができないとチョコ停の頻発、時にはスクラップが残り加工ミスを起こし、不良品の発生や金型破損につながることもあります。トリミング作業は意外と難しく、危険も伴うこともあるので安易に考えるべきではありません。

❸品質点検

　トリミングはスクラップ分割部分にマッチングが出ます。この部分のバリや外観についてチェックが必要です。時には段差がつくこともあります。カム機構を使った構造の金型で加工する製品では、やはりバリのチェックとともに、

横から加工するので絞りや成形形状がゆがむことがあり、形状精度のチェックが必要です。また、フランジのない製品のトリミングでは、高さ寸法の変化と切り口面の傾きなどにも注意が必要です。

図 1-4-19 | 成形品のトリミング

図 1-4-20 | トリミングの内容

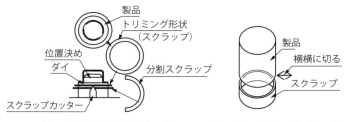

(a) フランジのあるトリミング　　(b) フランジのないトリミング

図 1-4-21 | トリミングの方法

(a) 工程を分け分割して処理する

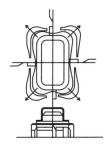

(b) 1工程で分割して処理する

要点 ノート

トリミング作業は製品加工の最終工程です。トリミングでの不具合発生はそれまでの作業を台なしにしてしまいます。しかし、トリミング作業は意外とややこしいです。したがって、特にスクラップの処理にポイントを置きます。

【4 用途別作業と段取り

抜き順送り作業

❶抜き順送り作業

　抜き加工のみで形状を作る順送り加工を行う作業です。作業形態としては2タイプあります。穴加工などを行った後に、ブランク抜きと同じように外形形状を抜き、ダイを通過して落とすタイプのもの。この方式は穴と外形のバリ方向が逆となる、外形抜きした面が湾曲する傾向にありますが、製品回収などを含めた作業が容易となります。

　もう1つがカットオフタイプです。形状の部分を加工していき、最後につながっている部分を切り離して完成させるものです。穴と外形のバリ方向は同じとなります。押さえながら加工するため、反りは少ないです。切り離し後の製品がダイの上に残り、金型の外への取り出しが難しい場合があります。

❷品質点検

　抜き中心の作業なので、やはりバリの点検は必須です。抜きの順送りではどこかにマッチング部分が出ます。この部分には図1-4-22のようなマッチングバリと呼ばれるものがよく出るため、その確認も行います。

　加工中に落ちたバリなどで、打痕を作ることもあります。外観の点検も必要です。抜き形状によっては、反りやねじれが発生することもあるので、形状確認も行います。

❸スタート位置

　コイル材からの加工スタート時の注意です。この段階でパンチ・ダイのかじりが発生し、大きなバリや金型破損を起こすことがあります。

　図1-4-23で説明します。(a)は型内への材料の入りが短く、カット量が小さくパンチにかかる側圧が大きくなり寄せられ、最悪、ダイとのかじりが発生する可能性があり、避けたい形です。(b)は、材料先端位置がカットパンチの半分ほどにかかっている状態です。半欠けの抜きですが、妥協できる状態です。

　(c)は材料の型内への入りが長すぎ、カットパンチとの関係は良好な形になりますが、材料の一部がダイ上に残っています。この形は最悪です。残った材料を取る危険と、取り忘れたときには2枚打ちとなり、金型を壊すか、打痕キズのある製品を作ります。金型製作時に材料スタート位置を決めておきます。

80

作業者が判断して先端位置を決めるのは不具合の元です。

❹抜き順送り作業の課題

抜き加工では抜きスクラップ、バリの落下、サイドカットなどからのチップの発生によって打痕キズがよく発生します（**図1-4-24**）。工場内の不具合の多くはこの打痕キズです。抜きとの関連で発生しています。これらの発生防止のための改善を、根気良く続ける必要があります。

図 1-4-22 | マッチングバリ

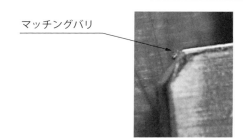

図 1-4-23 | スタート位置

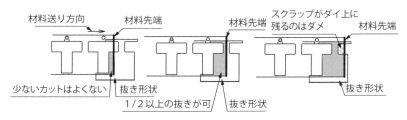

(a) カット量が少ない　　(b) カット量適当　　(c) カット量多い

図 1-4-24 | 金型内でのチップ発生

> **要点 ノート**
> 抜き順送り加工では打痕キズの発生要因を多く含んでいます。作業を通じて打痕キズを低減するための管理、改善が必要です。

4 用途別作業と段取り

V・L・U曲げ作業

❶V・L・U曲げ作業

V・L・U曲げ加工において、VとLは加工後は同じ形になりますが、加工する金型構造に違いが見られます。単発作業を前提にしたときには、金型はブランク保持の安定から上曲げ構造の金型とすることが多いです。

曲げ作業では、V・L曲げでは加工後の製品はダイ上に残るので、手で取るかエアー飛ばしすることが多いです。U曲げはパンチについて持ち上げられることがあり、払いが必要です。初回の曲げ後に、さらに2次工程での曲げ加工を行うこともあります。曲げのある加工前形状の位置決めは不安定になることも多く、保持の安定工夫する必要があります。

❷作業での注意点

V曲げは金型構造がシンプルなためよく使われますが、図1-4-25(a)のように左右のフランジがバランスの取れたものに適しています。(b)のようにバランスの崩れた形状では左右の跳ね上りバランスが悪くなり、寸法変動や作業者に不安を与えることもあります。このような製品では、(c)のような押え曲げ（L曲げ）とした方が作業しやすく安定します。

図1-4-26はU曲げの払いに対する注意です。払いの方法によっては、せっかくきれいに曲げたものを変形させてしまうことがあります。払いは曲げに近いところか、フランジ板厚を左右バランス良く押すようにします。

❸品質点検

曲げ製品の品質、寸法（角度との関係が強い）と割れ、およびキズです（図1-4-27）。また、曲げ線に接近した穴の変形にも注意が必要です。細かな部分では曲げ部内側の膨らみがあります。曲げ角度はスプリングバックがあり、変化します。

精度を要する製品では、金型にスプリングバック対策を行いますが、材料の板厚変化で変動することもあります。作業時にプレス機械の下死点の微調整や、ダイクッション圧の調整などでの対応も必要な場合があります。

キズは、材料の滑るR部分の摩耗や異物の巻き込みなどの要因で発生します。点検と早めのR面の補修が対策となります。曲げ割れは、圧延方向との関

係と最小曲げ半径が影響します。ブランク加工で圧延方向との関係を間違えたりすると、割れが出ることがあります。

図 1-4-25 | 適した作業方法で安定・安全の確保

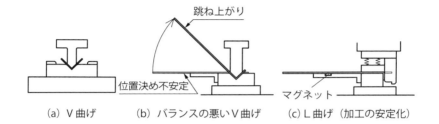

(a) V曲げ　　(b) バランスの悪いV曲げ　　(c) L曲げ（加工の安定化）

図 1-4-26 | 曲げの払い（エジェクタ）

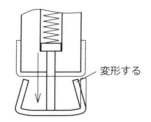

図 1-4-27 | 曲げのチェックポイント

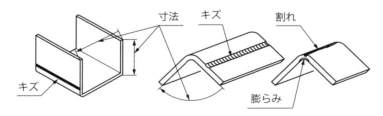

要点 ノート

V・L・U曲げは曲げの基本作業と言えます。この作業を通じて曲げ作業のポイントをつかむとよいでしょう。

【4 用途別作業と段取り

Z曲げ作業

❶ Z曲げ作業
　Z曲げは、曲げたたて壁を戻して、曲げる前の状態にすること（曲げ戻し）を行う加工です。図1-4-28(a)形状加工の様子を(b)では示しています。この構造（一般的に多く使われている）での加工では、たて壁部分の大きな負担がかかるため、H寸法は板厚の5倍程度が限界とされています。図1-4-29の方法では、H寸法を図1-4-28の方法より大きくすることができます。しかし、a部には加工負担がかかっていることには違いがありません。
　Z曲げの単発作業ではブランクの型内挿入と加工品の取り出しがあり、特に、取り出し作業は製品をつかみにくいこともあり、製品つかみ工具にマグネットを使えないときには工具の工夫が必要です。
　形状寸法を出すために、プレス機械ストロークを下げ過ぎ、底突きを強くすることは金型破損につながり危険です。

❷ 品質点検
　Z曲げでは平行度が求められることが多いですが、曲げた部分の跳ね上がりによる変動で、この点の点検は外せません（図1-4-30）。また、たて壁部分は板厚減少しています。キズや割れの点検が必要です。

❸ 2工程Z曲げ
　1回で加工するZ形状は、段差の小さいもの以外はたて壁部分に負担がかかり品質不安がつきまといます。2工程加工とすることで、品質の安定が図れま

図 1-4-28 ｜ Z曲げ加工

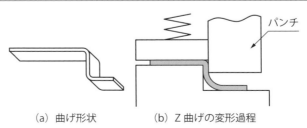

(a) 曲げ形状　　　(b) Z曲げの変形過程

す。**図1-4-31**(a)は2回のL曲げで作業します。単発加工のときには有利です。図1-4-31(b)は、変則V曲げとL曲げの組合せの2工程曲げです。順送り加工のときに下曲げとすることで、容易に加工できる方法です。

| 図 1-4-29 | 特殊なV曲げ型 |

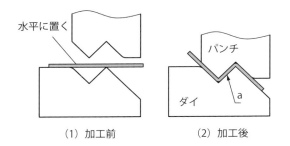

| 図 1-4-30 | Z曲げのチェックポイント |

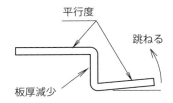

| 図 1-4-31 | 2工程加工でのZ曲げ |

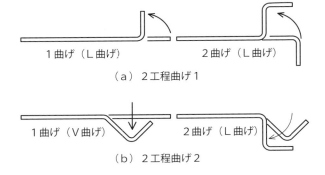

> **要点ノート**
> Z曲げはたて壁の扱い方によって、曲げ変形とたて壁の伸びの組合せ加工となり、普通の曲げと異なってきます。作業ではたて壁部分に注意して作業することを心がけます。

【4】用途別作業と段取り

曲げ順送り作業

❶曲げ順送り作業

　順送りによる曲げ作業は、両側キャリアのレイアウトが材料幅ガイド、ブランク保持の安定などいろいろな面で作業しやすいです（**図1-4-32**）。

　中央キャリアは幅方向のガイドが行いにくく、不安定になることもあるので、レイアウトの弱い部分がないか確認することが必要です。問題個所があれば、その部分の安定を考えた加工速度で作業することです。中央つなぎの幅が狭いと、この部分から折れ曲がりが発生することがあり、幅ガイドやパイロットの働きに注意します。

　片側キャリアではキャリア側の材料ガイドは容易ですが、反対側のガイドによって作業の行いやすさが違ってきます。キャリアが狭い、キャリア部分に打痕などのキズがあると、キャリア曲がりが発生して作業できなくなります。また、ブランクとキャリアとのつなぎ（ブリッジ）が狭いと、この部分から首振りが発生して加工に影響します。

　パイロットは加工スタート段階では2本で行っていないと、加工の最初に材料を入れるときに曲がって入れてしまうことがあるので、1本のパイロット（中央キャリアのレイアウト）のときは最初の材料の送り込みに注意します。加工が進行してくれば、パイロットは1本でも問題はありません。ただし、片側キャリアのブリッジが狭いものでは別です（首振り）。

　製品の取り出しでは、キャリアカット後に支障なく取り出しができるかによっても作業性が変化します。両側キャリアの例では、両方のキャリアを同時にカットし、製品を完成させています。曲げ部がダイの逃がし部分に入り込んでいるので、完成した製品を持ち上げないと金型外へ排出することが難しいです。片側を先にカットして、片側キャリアのような形にすれば、キャリアのない方へ落とすことができるので問題はなくなります。

　両側キャリアと片側キャリアは、材料の圧延方向と曲げ線が直角の関係になるようにして、曲げ部の強度を考えたレイアウトとなっています。中央キャリアのレイアウトは圧延方向と曲げ線が平行の関係です。曲げ部の強度は弱くなりますが、金型は作りやすくなり、製品の取り出しは容易となります。

中央キャリアの1工程目の曲げは、片側のみを行うようになっています。ダイ面に残る材料（ストリッパで押えを受ける部分）が狭いと、押えが負けて加工側に材料が引かれ、寸法変動や変形を起こすことがあります。このような点にも注意して作業します。

曲げの形状によっては、材料のリフト量が大きくなることがあります。加工時の材料の上下動は加工を不安定にします。送り高さを材料リフト量の中間位置にして、材料の動きを送り線高さを中心に振り分けて、加工の安定に配慮することも検討します。

❷品質点検

曲げ順送り加工の品質点検は、曲げ割れや加工キズおよびマッチング部のバリの点検があります。連続加工では、時間とともにプレス機械などの温度上昇があり、下死点が変動します。加工初めは良くても下死点変動に寸法が変化することがあり、定期的な点検が必要です。

図 1-4-32　曲げ順送り加工のレイアウト

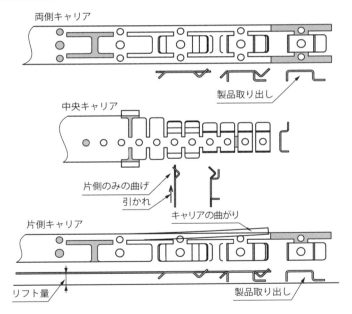

要点　ノート

曲げの順送り加工では、レイアウトの形によって微妙に作業内容が変化します。変化要因をつかんで作業するようにします。

【4 用途別作業と段取り

初絞り作業

❶しわ押えのコントロール

　絞り加工は1回の絞り加工で完了することは少なく、初絞り、再絞りへと進むケースが多いです。図1-4-33は、初絞り金型にブランクがセットされた状態を示しています。

　金型はダイが上、パンチが下となる逆配置構造の採用が多いです。その理由は、しわ押えのコントロールと製品の回収にあります。初絞りはブランクからの最初の絞りなので、加工途中でのブランクにしわが発生しないように、板厚方向の押えを働かせます。この力を「しわ押え力」と呼びます。加工状態を見て、圧力調整します。

　図1-4-34は加工が完了した状態です。しわ押え圧力発生源のダイクッションと、しわ押えの関係が示してあります。しわ押え力はダイクッションのエアー圧の調整で行えます。金型をプレス機械から外すことなく調整できます。

| 図1-4-33 | 初絞り作業前 | | 図1-4-34 | 初絞り作業完 |

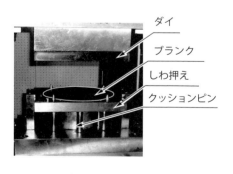 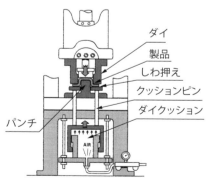

❷品質点検

初絞りでは、しわを発生することなく絞りができることが第一です（図1-4-35、図1-4-36）。しわは、全周に均一に出るものと部分的に出るものとがありますが、部分的しわはダイとしわ押えの平行が出ていない、または摩擦力の不均一です。ダイ、しわ押え面が部分的に粗いとか、油塗布の不均一などが原因であることが多いです。また、側壁部にキズのないことも確認します。

しわの発生を気にしてしわ押え圧力を高くし過ぎると、パンチでの材料引き込みに負担がかかり、底R（パンチR）部の板厚減少や底抜けが発生します。絞り高さは、低いと再絞り工程でボリューム不足で不具合を起こすことがありますから、高めに絞ります。

図 1-4-35 | フランジしわ

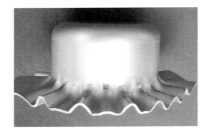

図 1-4-36 | 底抜け

> **要点 ノート**
> 初絞りでは、しわと割れを発生させないように作業することが求められます。製品取り出しもあります。ダイクッションの使い方を学びましょう。

【4 用途別作業と段取り

再絞り作業

❶再絞りと再々絞り作業

　初絞りの次工程の再絞りは、**図1-4-37**のような構造で加工します。作業はしわ押えの凸形状に加工前製品をかぶせて行います。凸形状はしわ押えです。絞り途中で胴体部分に発生するしわを押さえます。初絞りのしわ押えとは異なり、圧はかけません。空間を埋めるだけです。

　図1-4-38は再絞りの次工程です。径の変化量が小さくなりますから、凸形状はなくなります。しわ押えは必要なくなり、今までのしわ押えはパンチについた製品を払うストリッパの役割となります。加工製品はパンチにかぶせますが、不安定です。キラーピンでストリッパを先下げして、加工前製品をパンチにしっかりかぶせてから加工します。加工後の製品取り出しは初絞りと同じです。

❷工程間の関係チェック

　絞り加工は、加工限界の中で加工が進められます。その関係から絞り回数が決まります。各絞り条件は絞り径のほかにパンチRがあります。各工程のパンチRバランスが悪いと、板厚減少や割れの原因となります（**図1-4-39**）。また、絞り高さで絞りのボリュームが決まります。

　前工程の高さが低いと、ボリューム不足からフランジを引き込もうとします。しかし、引き込み抵抗が大きく、底抜けとなることが多いです。適正に絞られたときにはフランジ径はほぼ一定となり、作業していて割れが発生した場合はフランジ径の変化を見るとよいです。

❸品質点検

　再絞りや再々絞りの中間工程は、次工程に異常なく引き継ぐことが目的です（**図1-4-40**）。しわの発生は材料が動かなくなり、次工程での加工を難しくします。中間工程でのしわは、ボディしわやクリアランスが大きいときに発生する側壁のしわ、このほかフランジのない製品では縁のしわなどが出やすいとされています。

　加工前製品を傾けてセットしそのまま作業すると、偏肉となることがあります。偏肉は極力押さえるようにします。絞り高さの不足は底抜けや引け、リン

グマークなどの原因となります。キズの発生は、後工程では消せないことが多いので、発生が見られたら早めの処置が肝要です。

図 1-4-37 | 再絞り型

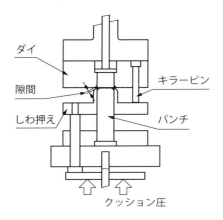

図 1-4-38 | 再々絞り型

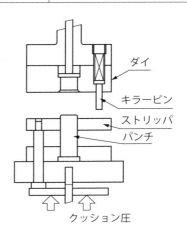

図 1-4-39 | 工程間のチェック

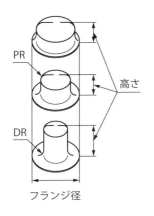

図 1-4-40 | 再絞りのチェックポイント

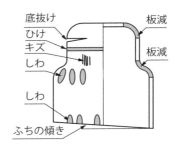

> 要点 ノート
> 再絞り作業では、しわや板厚減少および偏肉などに注意して作業を行うことが求められます。絞り高さは作業時に変化しやすい内容なので特に注意します。

【4】用途別作業と段取り

絞り順送り作業

❶絞り順送り作業

　絞り加工は、平面方向の動きとしてブランクの縮小があります。高さ方向では、通常、工程ごとに高さが増していきます。この変化は、単工程加工であれば別々の金型で作業しますから、問題となりません。ところが、順送り加工ではブランクをキャリアでつないで加工しますから、工程内容が隣の加工に影響します（図1-4-41）。

　例えば、工程の進行とともに高さが高くなります。ストリッパは最も長いパンチにレベルを合わせますから、ストリッパが一体だと最も高いところにストリッパ圧が集中します。集中を受けた工程の形状を潰してしまうこともあります。そのため、工程ごとに適正な力で押さえられるように、ストリッパを分割することがよく行われています。

　ストリッパを分割すると工程ごとの押え力は適正化されますが、押え方がばらつくことによって、加工品に傾きが出る工程が生じます。これをうまく直さないと、加工ミスまたは偏肉となります。

　以上のような点に気を配り、作業をするようにしましょう。また、絞り順送り加工ではリフト量が高くなることが多く、材料送りの上下動も大きくなって送りミス要因となるため、送りの速度には注意が必要です。

❷品質点検

　絞り順送り作業での品質点検は、出来上がり品質はもちろんですが、連続生産に支障がないように金型内材料が保たれているかを見ることが大切です。この課題に関する点検内容を以下に示します（図1-4-42）。

　ブランクのバリが大きいと第1絞りでの材料引き込みに影響して、フランジのゆがみや割れが出ることがあります。バリ落ちによる打痕もあります。第1絞りではしわ、変形、傾きおよび絞り高さは次工程以降の加工不具合の原因となります。ブリッジの折れは各工程でないことを点検します。

　キャリアのうねりや折れ曲がりは、上下動する材料のコントロールができていないときに発生します。これは、送りミスの原因となります。製品に傾きがあると加工ミスにつながります。絞りの順送り加工ではパイロットは送りピッ

チを決めるまでで、絞りが始まってからはほとんど役に立ちません。加工前の絞り製品をダイRになじませ、自動調心して加工しています。傾きが大きくなると自動調心がうまくできず、加工ミスとなります。

図 1-4-41 絞り順送型（可動ストリッパ構造）

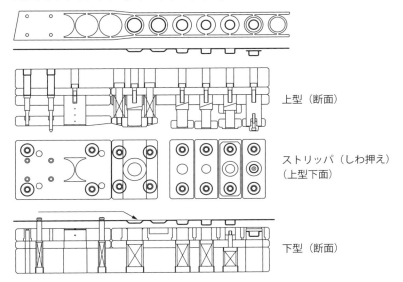

図 1-4-42 絞り順送加工のチェックポイント

> **要点 ノート**
> 絞り順送り作業では材料の送りが問題なくできるか、キャリアがフラットな状態に保たれているか、および各工程の姿勢は問題ないかがポイントとなります。

コラム

● ゆとりが大事 ●

　何かで読んだことがあります。アリの世界では、20％のよく働くアリと、普通に働くアリが60％いて、残りの20％はあまり働かない怠け者がいるそうです。働かない怠け者はいらないと取り除いて、無駄のない効率良い環境にしてやろうとしても、しばらくすると、元通り20％の働かないのが出てくるのです。

　何かの事情で日常に異変が起きると、怠け者だったアリが動き出し、異常事態を回避するとのことです。怠け者と思われた20％はアリ社会の"ゆとり"であり、安全弁として許容されているもので、アリ社会を長く継続させるために必要なものと結論づけていました。

　私たちの日常でも、無駄をなくせ、効率良い仕事をしろと言われますが、ゆとりをなくしてはいけないと考えています。

　考えても、考えても、いいアイデアが浮かばないときがあります。ふと、われに返ると、ゆとりがなく焦っている自分に気づくときがあります。こんなときは、思い切って休養を取ります。すると、苦しんでいたことが嘘のようにアイデアがひらめき、解が見えてくることがあるから不思議です。

　プレス作業においても、余裕時間を適切に見ることは必要です。人は、生身で、疲れることもままあります。簡単に時間で仕事を切り替えることは難しいし、切り替えは早いけど、作業はゆっくりな人や、切り替えは遅くても作業に集中する人がいます。ゆとりを持つことが余裕を生み、全体のバランスのとれた生産活動を生むのでしょう。

【 第**2**章 】

製品に価値を転写する
プレス金型の要所

【1 プレス金型の分類

プレス金型構成部品名称と働き

❶金型の働き

　金型は転写工具です。パンチとダイによって作られた形状を材料に押し付け、形状を転写するものです（**図2-1-1**）。押し付け時間は非常に短いですから、効率良く製品を加工することができます。

❷金型構成部品と働き

　パンチとダイだけでは加工が難しいため、補助的な部品を追加して使いやすくまとめたものが金型です（**図2-1-2**）。

①シャンク：小さな金型の上型をスライドに取り付けるための部品
②パンチホルダ：上型全体を保持。シャンクを使わない金型では、この部品を使って上型をプレス機械に取り付ける
③パンチプレート：小さなパンチを保持して、取り付ける
④パンチ：材料に押し付け、形状を転写する工具
⑤ネスト：材料の位置決めを行う。板ではなくピンを使うこともある
⑥ダイ：パンチの受け側となる工具
⑦ダイホルダ：下型全体を保持し、剛性を保ち下型をプレス機械のボルスタプレートに取り付けるためのもの
⑧ガイドポスト：ガイドブシュとの間で上型と下型の関係を保つ
⑨ガイドブシュ：ガイドポストとの間で上型と下型の関係を保つ
⑩バッキングプレート：細いパンチのバックアップする
⑪固定ストリッパ：パンチに着いた材料を払う

図2-1-1	金型の働き

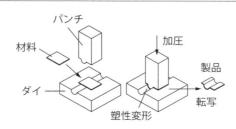

⑫材料ガイド：材料の幅をガイドする
⑬可動ストリッパ：材料を押さえる働きとパンチに着いた材料を払う
⑭ストリッパボルト：可動ストリッパを保持する
⑮コイルスプリング：可動ストリッパの押え力と可動を行う
⑯セットスクリュー：スプリング穴の蓋をする
⑰ブランクホルダ（しわ押え）：ブランクの位置決め機能と材料押えおよびストリッパの働きをする
⑱ノックアウト：逆配置構造金型の特徴的部品、ダイ内に入り込んだ製品を排出する

図 2-1-2 | 金型の部品構成

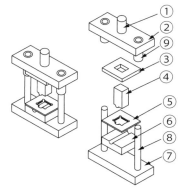

(a) ストリッパなし構造金型（成形型）　(b) 固定ストリッパ構造金型（ブランク抜き型）

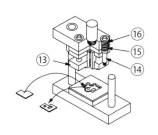 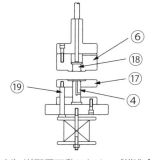

(c) 可動ストリッパ構造金型（穴抜き型）　(d) 逆配置可動ストリッパ構造金型（初絞り型）

> **要点 ノート**
> プレス金型の構成部品を知り、その機能が理解できると、プレス加工での金型の役割と用途による構造の違いがよくわかるようになります。

1 プレス金型の分類

金型機能による分類

　プレス加工で使用する金型の種類は多くありません。ここで示す3タイプが基本です。

❶単能型

　ブランク抜き、穴抜き、曲げなどの1つの機能のみを持つ金型です（図2-1-3）。製品を加工要素に分けていくと、ブランク、穴、曲げなどの構成要素が現れてきます。この最少要素ごとに作られた金型です。プレス加工用の最も基本的な金型の姿と言えるものです。金型としては作りやすいものの、製品加工では工程が多くなります。

　この単能型の構造は加工に必要な内容を備えており、複合、順送り金型では、単能型の構造を取り込み工程を作っているケースが多いです。トランスファ加工用の金型は、単能型にトランスファとしての搬送と位置決め機能を備えたものです。

❷複合型

　プレススライドの1ストロークで、抜きと絞りなど2種以上の加工を同時に行えるようにした構造の金型です（図2-1-4）。抜きと絞りを複合した金型を抜き-絞り型と呼びます。外形抜きと穴抜きを複合した金型を総抜き型（コンパウンドダイ）と呼びます。

図 2-1-3 ｜ 単能型（曲げ製品加工の例）

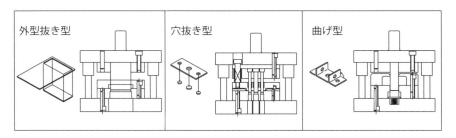

もう1つの複合に、順送り金型を2つ作り、それぞれの材料がクロスするように配置し、加工を進め2部品をクロスしたところで接合、切り離し（片方のみ）一体化する、加工と組立の複合加工もあります。この金型は大変高度な製作技術が必要です。

❸順送型

2以上の工程を型内に、等ピッチ位置に配置した構造の金型で、材料を工程間ピッチ長さで型内に送り込み、加工と材料送りを交互に行い製品を加工する金型です（図2-1-5）。

プレス金型の中で最も効率良く製品を加工することができるものです。反面、金型設計と金型加工が難しい金型でもあります。

図 2-1-4 ｜ 複合型（抜き加工例）

総抜き型（外型と穴の同時加工）

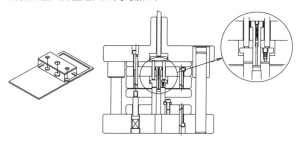

図 2-1-5 ｜ 順送型（曲げ加工例）

順送型

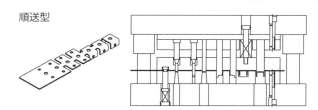

要点 ノート

プレス加工に用いる金型は多いように見えますが、分類の仕方によっては大変シンプルにできます。

1 プレス金型の分類

構造による金型の分類

❶金型の基本構造

　様々な用途に使われているプレス金型をよく見ると、類似性に気づきます。着目点をパンチ・ダイおよびストリッパの使い方に当てて整理したものが図2-1-6です。

　パンチとダイの関係では、
①順配置構造：パンチが上型、ダイが下型に配置された構造
②逆配置構造：パンチが下型、ダイが上型に配置された構造
の2つに分けることができます。

　ストリッパの使い方を見ると、
①ストリッパレス構造：ストリッパがなくても加工に支障がないものの形
②固定ストリッパ構造：ストリッパがダイ側に固定されたもので、パンチに着いた材料の払いを行い、材料を押さえることをしない構造
③可動ストリッパ構造：ストリッパがパンチ側にあり可動して材料を押さえる働きと、パンチに着いた材料の払いを行う構造。材料を押さえることで、製

図 2-1-6 | 金型の基本構造

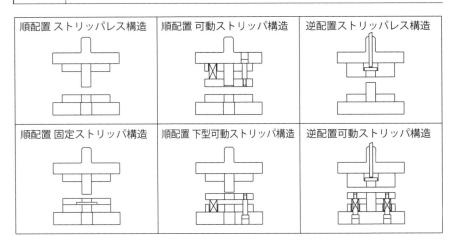

品の平面度の確保や押え曲げのパッドとしての使い方などの変化がある
④下型可動ストリッパ構造：ストリッパがダイ側にあり可動する構造
といった違いがあります。総抜きなどの複合型は、この基本構造を組み合わせて作られたものと言えます。

❷刃合わせガイド

刃合わせガイドは**図2-1-7**に示すような形があります（ここに示した以外にパンチプレート、ストリッパプレート間に配置するインナーガイドもありますが省略しています）。刃合わせガイドの使用目的は次の通りです。
①組立・分解を容易にする
②金型段取りを容易にする
③金型保管を容易にする
④金型の動的精度を高める

しかし、ガイド方式によってポストやブシュの組立方法、あるいはダウエルピン（ノックピン）の使い方によって精度は変化します。

図 2-1-7 ｜ 刃合わせ構造

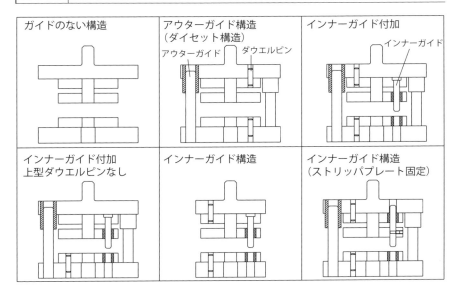

要点 ノート
多くの種類があると思われている金型も、基本部品をもとに考えると構造は意外と少ないことがわかります。ガイドポストの使い方には注意が必要です。

1 プレス金型の分類

自動化方法による金型の区分

❶コイル材での自動化（順送り金型の活用）
　順送り金型は、図2-1-8(a)に示すようなコイル材を用いた自動加工を前提として作ることの多い金型です（図2-1-8(b)）。順送り加工は材料から1工程で製品を得ることができるので、プレス加工の中では最も効率が良い加工方法です。コイル材を送り装置で順送り金型内に材料を送り込んでの生産は、最も効率が良い生産となります。
　順送り金型の特徴の1つに多列加工があります。3列、5列といった加工が比較的容易にできます。欠点としては、金型の中に多くの内容を含むため複雑となり、金型費が高くなることです。

❷トランスファ金型
　1台のプレス機械の中に単工程金型を工程順に並べて取り付け、トランスファ送り装置を用いてブランクを工程間搬送して加工を行う、自動加工で採用する金型です（図2-1-9）。絞りや成形製品などの外形が変化する製品で、順送り加工が難しいものなどへの適用が多いです。
　単発加工に用いる単工程金型との違いはブランクの位置決め方法にあります。トランスファ送り装置で搬送されてくるブランクを正しい位置に位置決めできるようにすることと、加工後のブランクを確実に搬送できるように工夫を加えてあることです。

図2-1-8 ｜ コイル材での自動化

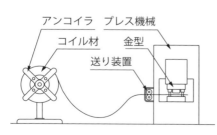

(a) コイル材の自動加工

(b) 順送金型

❸プレスライン用金型

製品形状が大きくて順送り加工やトランスファ加工が難しい製品では、プレス機械を並べて単工程金型を工程順に取り付け、ライン送り装置(機能的にはトランスファ送り装置と同じ)またはロボットを用いて大きなブランクをプレス機械間搬送して加工する、自動加工に対応できるようにした金型です(図2-1-10)。単工程金型の改良点はトランスファ金型同様に、位置決めに関係する内容の変化です。

図 2-1-9 | ブランク材での自動化(トランスファ加工)

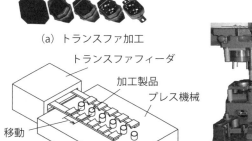

(a) トランスファ加工

(b) トランスファ加工装置概念

(c) トランスファ金型

図 2-1-10 | ブランク材での自動化(プレスライン加工)

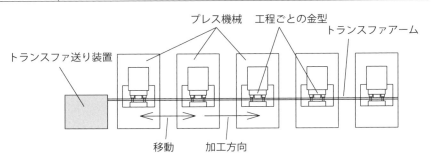

要点 ノート

プレス機械の自動化はコイル材での自動化、ブランク材での自動化および短冊材での自動化があります。ここではコイル材とブランク材の自動化を紹介しました。

【1 プレス金型の分類

安全金型

❶作業時の金型の隙間

プレス作業をするときの危険は、手や指がはさまれてケガをすることです。プレス機械に取り付けられた金型の上型は、プレス機械のストローク長さだけ上方にあります。そこに大きな空間ができます。その他にガイドポストとブシュの間の隙間やストリッパとパンチプレート間の隙間などがあります（図2-1-11）。隙間が閉じたときに、手や指を潰すような狭さになることが危険なのです。

プレス機械の動作中に、金型にある隙間に手や指が入ることでけがをします。プレス機械には安全装置が働いていますが、金型の調整中は完全とは言えません。金型調整中やプレス作業中には、常に隙間を意識していることが必要です。

❷安全金型

安全金型とは、危険な部位（隙間）に手や指が入らなければ安全との考え方で作られる金型で、ノーハンド・イン・ダイとも呼ばれます。危険が生じる隙間の大きさが、8mm以下であればよいとされています（図2-1-12）。可動ストリッパとパンチプレート間の閉じたときの隙間が20mm以上あれば、安全と判断されます。

図2-1-11 | プレス作業時の金型隙間

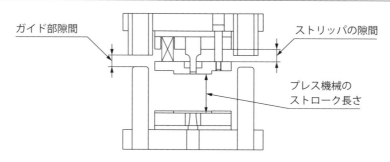

❸大きな可動部分への対策

図2-1-13は、たたき型と呼ばれる金型です。金型構造を全部下型にまとめて、隙間を極力小さくしたものです。ストリッパはダイに固定して、隙間は材料通過に必要な最小にしています。ストリッパとパンチプレートの隙間は20mm以上にしていますが、たたき棒と呼ぶスライドに取り付けられた部品のみが、プレス機械のストローク長さの隙間ができます。この部分にはスプリングでカバーし、手が入らないようにします。

図 2-1-12 │ 安全金型の基準

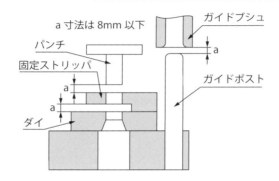

図 2-1-13 │ 大きな空間への対策

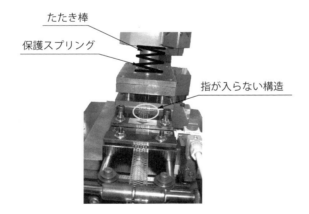

> **要点ノート**
> プレス加工では安全の確保が重要です。身体の一部が危険なところに入らないようにする、という発想から生まれたのが安全金型です。

【1 プレス金型の分類

迅速交換金型（QDC）

❶金型交換

　プレス作業には金型交換がつきものです。一度金型を取り付ければ数日間稼働するような金型だと、金型交換時間が多少長くなってもあまり問題にはなりません。

　しかし、少量生産のものでは、金型交換時間が長くかかることはプレス機械の生産効率の低下となり問題です。そのため、金型交換時間の短縮への取り組みが活発化して、シングル段取りと呼ばれる10分未満の時間で金型交換ができるような改善活動が進められ、金型クランプやクランプ高さの標準化などが進められました。その中の1つに迅速交換金型（QDC）があります。

❷迅速交換金型（QDC）

　QDCは金型ホルダ部分（ダイセット付金型のダイセット部分）と金型ユニット（金型本体部分）および金型セッター（金型ユニットの組立に使う補助具）の構成から成っていることが多い標準化された金型システムです。金型製作時間の短縮と金型交換時間の短縮の両方を目論んでいます。

　金型ホルダには、クランプユニットと可動位置決めピン（ダウエルピンに相当）を備えており、金型を挿入して位置決めおよびワンタッチクランプの操作で金型取り付けが完了できます（**図2-1-14〜2-1-16**）。

　以上がQDCの基本的なイメージですが、金型にインナーガイドを備えることで金型組立補助具である金型セッターの必要をなくしたものなど、メーカー開発品から各企業独自のものまで広く使われています。

第 2 章　製品に価値を転写するプレス金型の要所

図 2-1-14　金型ホルダ

クランプ

ワンタッチクランプロック

図 2-1-15　標準金型の装着

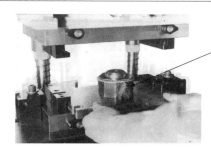

金型の装着

図 2-1-16　QDC システム

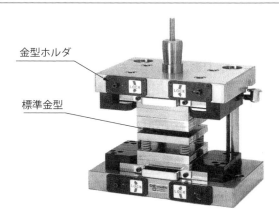

金型ホルダ

標準金型

要点　ノート

金型のプレス機械への取り付け、取り外しおよび金型製作の合理化を考えたシステムが迅速交換金型（QDC）システムです。

2 プレス金型の取扱いと維持管理

抜き金型の維持管理

❶抜き金型の摩耗

新品の抜き金型の状態から使い始めたとき、図2-2-1に示すような面摩耗と側面摩耗が進行します。摩耗に比例して抜きバリは成長し、許容限界に達したときにメンテナンスが必要になります。

摩耗の進行は、図2-2-2のようなカーブとなります。初期摩耗、定常摩耗そして異常摩耗と進行します。メンテナンス時期は異常摩耗の直前が理想です。この摩耗曲線は金型ごとに固有のものがあり、加工実績からメンテナンス時期を見つける必要があります。

❷再研磨量と寿命の関係

メンテナンスは、摩耗した刃先を再研磨して元の状態に戻すことです。研磨量は側面摩耗で判断します。パンチの方がダイより側面摩耗は大きくなります。摩耗した部分を完全に研磨で落とすことは研磨量が大きくなり過ぎ、パンチ・ダイの寿命が短くなるとの判断から一般的には行っていません。図2-2-3のようなイメージとなります。

図 2-2-1 | 切れ刃摩耗形状の推移

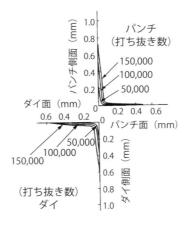

新品の部品刃先の状態とは、摩耗が少し残ることから違います。当然、寿命も短くなります。

研磨量を一定にしたときには、摩耗状態の変化で寿命が変わります。摩耗曲線の異常摩耗領域まで使ってしまい、従来と同じ研磨量でメンテナンスを行うと、すぐにバリが大きくなり、メンテナンスが必要になります。このような状態のメンテナンスはよくありません。

打ち抜き数を摩耗曲線からの判断で一定にすることが安定した品質となり、管理されたメンテナンス状態となります。

図 2-2-2　金型摩耗曲線

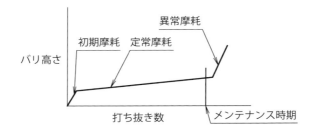

図 2-2-3　刃先摩耗と再研磨の関係

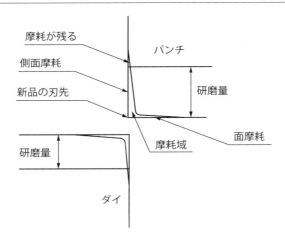

要点　ノート

抜き金型の管理は異常摩耗領域まで使い込まず、打ち抜き数と研磨量を決めて管理することが大切です。

〖2〗 プレス金型の取扱いと維持管理

曲げ・絞り成形金型の維持管理

❶曲げや絞り成形金型の要メンテ判断

曲げや絞り成形金型（以下、成形金型）のメンテナンスが必要と判断することは、意外と難しいと言われています。そのため、適正時期を逃してかなりひどい状態（主にキズ）となり、メンテナンスに苦労していることをよく見かけます。

成形金型ではR面を材料が滑り、成形されていきます。その際に、しわ対策として面圧をかけることも多くあります。成形金型の摩耗は、面圧と摩擦による影響が主体となるものと、外部からの異物（ゴミや抜きバリの落ちたものなど）の侵入によるかじりが考えられます。製品の不具合として現れる現象はこすれキズです（**図2-2-4**）。

メンテナンスのためのキズの判断は、製品の規格とイコールではありません。メンテナンスにかかる時間で判断します。軽微なキズ状態であれば短時間でメンテナンスを終わらせることができますが、深いキズになると長時間を要するようになります。生産数とキズの関係をつかみ、基準を作るとよいでしょう。

❷滑り面の磨き

成形加工では、材料が滑る面（滑り面）が必ずあります。例えば絞りではダイ面、曲げでは曲げ外側の面に接する工具（上曲げ、下曲げで変わる）、バーリングではパンチ面などです。この面の劣化によってキズが発生することになります。

メンテナンスの主な仕事はこの面の磨きです（**図2-2-5**）。滑り面は曇りのない鏡面が理想です。鏡面を作り出すためには、非常に細かな粒子の砥粒で磨くことが必要です。滑り面に大きなキズがあると、大きな粒子の砥粒で磨く（削る）ことが必要になります。

キズを取り除いて一様な面粗度を得てから鏡面になるまで、何度か砥粒の大きさを変えて仕上げていきます。この作業には大変な手間がかかります。そのため軽微な滑り面の荒れ状態のうちに、磨きを行うことがよいのです。

❸形状の再現性

滑り面は面圧と摩擦を常に受けています。このことは、少しずつ形状の変化をもたらします。面荒れに伴う滑り面の磨きも同様です。ある程度の形状の変

化で、元の状態に滑り面と滑りRを戻す必要があります。この際に適正形状を形状測定器（コーントレーサー）などで確認できるようにしておくことが再現性を高めます（**図2-2-6**）。

図 2-2-4	成形品に現れるキズ

図 2-2-5	滑り面の磨き

滑り面の磨き

図 2-2-6	形状の再現性

形状の再現性

要点 ノート

成形金型の維持管理では、メンテナンスに入るための判断の仕方と磨きや形状の維持の本質を考えることが重要です。

〈2〉 プレス金型の取扱いと維持管理

自動化金型の維持管理

　自動化金型の主役と言える順送り金型について考えます。製品加工に関係する部分は、製品としての維持管理でチェックが入ります。ここでの内容は、それ以外の自動化金型の特徴からくる部分の維持管理です。主に位置決め関係となります。

❶ストックガイド（幅方向の位置決め）

　材料の幅方向の案内を行うものです（**図2-2-7**）。材料幅のバラツキと横曲がりの影響を受けます。役割としては、パイロットによる最終位置決めを行えるようにする予備ガイドといえます。

　板厚面で常にこすられるため、意外と摩耗します。ガイドの摩耗によって材料移動の抵抗が増したり、材料を削り金属粉の発生などによる打痕原因を作るなどが最悪の状態です。

　維持管理としては、定期的にガイド面を点検して摩耗の進み具合を見て、進行していれば面を研磨するか交換するかを判断します。またミスパンチなどで材料を釣り上げたときに、このガイドに大きな負担がかかり、割れが発生することもあります。この点の確認も忘れずに行います。

❷パイロット（送り方向の位置決めと振れ対策）

　パイロットは順送り金型の重要部品です。送りピッチと材料の振れの最終位置決めです。パイロットは常に材料とこすれ合っています。その部分は一定の位置です。つまり、部分的な摩耗が進行しやすい部品なのです。

　この点を頭に置き、点検のための径測定するときには位置を変えて3回以上測定し、寸法を確認します（**図2-2-8**）。

❸リフター（上下方向の位置決め）

　順送り加工では材料を持ち上げて送ります。この持ち上げるための金型部品がリフターです。スプリングのへたりや曲がりを定期的に点検します（**図2-2-9**）。リフトが不安定になると、送りミスの原因となるためです。ピン側面がダイとこすれて摩耗します。摩耗の大きなものは交換します。

❹ミス検出

　順送り金型内には、送りミス検出、かす上がり検出や製品の排出検出などい

くつかのミス検出センサーが働いています。信号ケーブルの断線やセンサーの保持が振動の影響などを受けていないか、点検と動作確認を行います（図2-2-10）。

図 2-2-7 ｜ ストックガイドの点検

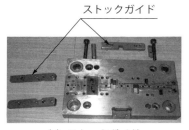

（a）ストックガイド

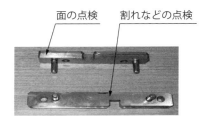

（b）ストックガイドの点検

図 2-2-8 ｜ パイロットの点検

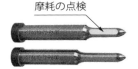

図 2-2-9 ｜ リフターの点検

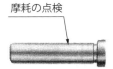

図 2-2-10 ｜ ミス検出センサーの点検

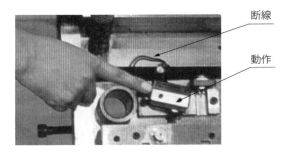

> **要点 ノート**
> 自動化金型では直接、製品加工に関係しない部分がないがしろにされる傾向にあります。このような部分も保守管理をしっかり行います。

2 プレス金型の取扱いと維持管理

金型共通部分の維持管理

　金型の構造構成部分についての維持管理です。金型では、パンチやダイなど製品加工に直接関係する金型部品についての関心は高いですが、共通部部になるとあまり気にせず、使い続けているように思います。共通部分の劣化は金型寿命や精度に影響します。以下に主な点検内容を示します。

❶ストリッパボルト関連

　プレス金型では、可動ストリッパ構造のものが多く使われています。可動ストリッパを保持している金型部品がストリッパボルト、コイルスプリングおよびセットスクリューです（**図2-2-11**）。ストリッパボルト頭部の摩耗や破損の点検、コイルスプリングのへたり、破損の点検を実施します。

❷インナーガイド

　インナーガイドは、ストリッパの挙動を規制して金型精度を維持する重要な金型部品です（**図2-2-12**）。ポスト、ブシュの摩耗、焼き付きの点検および清掃と給油を行います。

❸アウターガイド

　ダイセットのガイドであるアウターガイドは、上型および下型のセッティングやプレス機械への金型取り付けを容易にする金型部品です（**図2-2-13**）。摩

図 2-2-11 ｜ ストリッパボルト関連部品

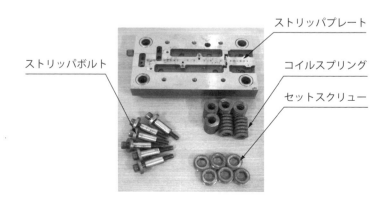

耗、焼き付きとリテーナの破損やボールの摩耗点検、および清掃と給油を実施します。

❹締結とプレート

締結は六角穴付きボルト（ボルト）で行い、ダウエルピン（ノックピン）で位置を決めています。長いボルトでは伸び、小径ボルトでは頭部の飛びおよびレンチの入る六角形状のくずれなどを、ダウエルピンでは摩耗やキズを点検します（**図2-2-14**）。ダウエルピンを打ち込むときは油の塗布も行います。

プレートも長い間に変化します。反りやストリッパボルト頭部の当たり面、パンチ頭部の当たり面およびストリッパの材料の押え面などは、摩耗してへこむことがあります。摩耗状態によっては面を研磨して、元に戻すことも行います。

図 2-2-12	インナーガイド

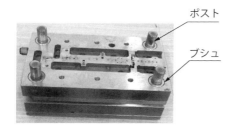

図 2-2-13	アウターガイド

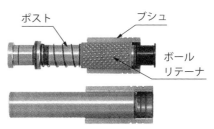

図 2-2-14	締結部品とプレート

> **要点 ノート**
>
> 金型を構成するすべての金型部品は、何らかの機能を持ち働いています。普段は気にすることが少ない金型部品の点検を定期的に行います。

2 プレス金型の取扱いと維持管理

金型の分解と整備の方法

　メンテナンスのために分解した金型の扱い方について解説します。まず分解に先立ち、金型の状態を観察してメンテナンスのポイントをつかみます。以下に進行と状態を示します。

❶金型の分解
　手順に従って分解された金型部品は、わかりやすくまとめておきます（図2-2-15）。ごちゃごちゃと箱などに放り込むと、破損する部品が現れることがあります。

❷部品の清掃と保管
　分解前に金型清掃は行いますが、部品も清掃して劣化した油などを除去します。清掃した部品は、きれいな容器に部品ごとに保管します（図2-2-16）。破損しやすい部品は特に注意します。

図 2-2-15 ｜ 分解した金型部品の整理

図 2-2-16 ｜ 清掃した金型部品の保管

（a）注意を要する部品　　（b）きれいな箱に保管

❸金型部品の点検と処置

清掃された部品を点検します（図2-2-17）。拡大して詳細に観察することで、細かな変化も発見できます。処置が必要と判断された部品は研磨、みがきなどの処置を行い、組立に備えます。

❹組立前処理と組立

点検処置された金型部品は金型組立に先立ち、勘合部分に塗油して面の保護をします（図2-2-18）。

❺組立後の点検

組み込み忘れやボルトなどの緩みがないか、入れ子部品面との凹凸などを点検して、完了となります。

図2-2-17 | 金型部品の点検と処置

(a) 金型部品の点検　　(b) 問題金型部品の処置

図2-2-18 | 組立前の金型部品への塗油と組立

(a) 組立前部品への塗油　　(b) 組立

> **要点** ノート
> メンテナンス金型も、新型時と同じように扱いたいものです。汚れたままにしたり、乱雑に金型部品の扱ったりすると、せっかくの良い金型も早くダメになります。

【2 プレス金型の取扱いと維持管理

金型の保全記録と活用

❶金型保全記録

　プレス金型は1型ごとに内容が違います。金型の個性を知ることが金型管理になります。個性とは、以下のことを指しています。

①メンテナンスからメンテナンスまでの金型寿命

　製品形状や金型のつくりなどから、ほぼ決まった傾向を示します。

②不具合発生個所

　製品形状や工程の作り方および加工構造によって個性が出ます。

③プレス機械との相性

　プレス機械の精度や剛性の影響を受けて変化します。

　このような内容を知ることで、金型の適正な管理方法をつかみ、実践することが金型を最も良い状態で使うことができます。

❷保全記録の活用

　類似金型であれば、金型寿命はほぼ同じ結果が得られることを期待します。しかし、実際にはバラツキが見られ、これは以下が要因となっています。

①金型製作の作り込みの差

　金型部品加工、部品仕上げ、組立・調整が安定していないために金型の出来上がりにバラツキが出ることが考えられます。

②メンテナンスの個人差

　メンテナンス担当者の技量のバラツキが影響しているものです。

③プレス機械の影響

　金型に問題はなく、プレス機械の影響によって起こるものです。

　プレス作業を取り巻く影響は、保全記録から以下の事項を知ることができます。

①不具合出方の傾向から金型の管理ポイントがわかる

②メンテナンスと加工数との関係からのメンテナンスの時期

③研磨量などの数値

④不具合発生の出方から自社金型の弱点を知り、改善方向がわかる

❸記録用紙例の説明

　図2-2-19は順送り金型を対象とした金型保全記録の例です。加工開始時の

初品を残しておき、メンテナンスに入るときには、初品と最終スケルトンを金型に添付することと、現象項目を選択して記号で記入するようにして、個人の表現の差をなくすようにしています。また、その他項目はありません。

現象説明はできるだけ図で示すようにしています。処置内容の記入も同様です。できるだけ文字記入を減らして、担当者の負担を減らすように工夫しています。

図 2-2-19 保全記録例

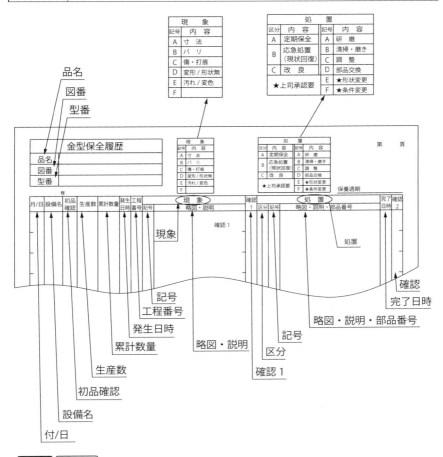

要点 ノート

金型を扱う上でメンテナンスは必ず伴います。メンテナンスの記録は金型の状態を知ることができ、メンテナンス方法と改善の方向も知ることが可能です。

コラム

● 道具と仕事 ●

　和食の店でカウンターに座り、お酒を楽しむのが好きです。そして、板前さんの仕事を見て過ごします。限られた空間の中で食材を取り出し、見事な包丁さばきで食材を刻み、器を選び、盛り付けて手早く供されます。どの所作にも無駄がありません。魚や野菜などによって包丁を変えますが、どれも切れ味は素晴らしい。包丁を使うたびに、水洗いし乾いた布巾で拭き、水けを取り、元に戻しています。道具を大事にしている板前さんのいる店は、大抵はずれはありません。料理へのこだわりが、道具である包丁へのこだわりとなるのでしょう。

　似たことは、テレビなどでときどき放映する鎌倉彫などの彫刻の場面でも見られます。使っている彫刻刀やノミは、研ぎ澄まされていて素晴らし切れ味を見せています。構想が良くても自在に刻むことができなければ、思う表現ができないから、道具を大切にして、だいたいが自身で加工に適した道具を作り、研ぐと解説されています。

　自分でも年に何回か家の包丁を研いでいますが、思うような切れ味になることは少ないです。悔しいから、砥石のせいにして砥石を新調するけどダメです。手の動かし方が安定してないことが原因で、一朝一夕にはうまくいかないことを痛感します。

　板前さんや彫刻家は、いい仕事をするためには道具を選び、最善の状態に維持することが必要なことを知っています。そして、切れる道具を手入れする苦労も知っているはずです。

　プレス加工も、道具である金型の研ぎの大切さを知って、仕事をしたいものです。

【 第**3**章 】

生産効率に影響する
プレス機械と周辺機器

【1 プレス機械の構造

プレス機械各部名称と働き

❶駆動部名称と働き

　プレス加工ではプレス機械を使って仕事をします。そのためには、プレス機械を知る必要があります。ここでは、最も多く使用されているC形フレームのクランクプレス各部の名称と働きを紹介します（**図3-1-1**）。

①フレーム：プレス機械の運動機構を保持するとともに、加工時に発生する加工力を受ける

②モーター：プレス機械を運転するための動力源

③ベルト：モーターの回転をフライホイールに伝達する

④フライホイール：モーターからの回転を受け、慣性エネルギーを蓄積する

⑤クラッチ・ブレーキ：クラッチはフライホイールの回転と慣性エネルギーをクランクシャフトに伝達。ブレーキはクランクシャフトの上死点停止と寸動動作での任意位置停止、および1行程動作での上死点から下死点間での任意位置停止を行う。クラッチとブレーキは交互に動作して運転と停止を行う

⑥ピニオンギヤ：フライホイールの回転と慣性エネルギーをメインギヤに伝える

⑦メインギヤ：ピニオンギヤの回転を減速する

⑧カウンターバランサ：スライドに運動を伝える各部分にある隙間の影響が、プレス加工に支障がないように上方に引き上げる。上型重量で変化するので、上型重量に合わせて引き上げ圧力を調節する

⑨クランクシャフト：ピニオン、メインギヤで減速したフライホイールの回転を、偏芯軸の偏芯回転に変えてコネクチングロッドを揺動往復運動させ、回転運動を往復運動に変える

⑩コネクチングロッド：クランクシャフトの偏芯回転を受けて、揺動往復運動に変換する。クランクシャフトの偏芯量の2倍がストローク長さとなる

⑪スライド調節ねじ：コネクチングロットの一部を成すねじ部で、スライドと結合している。このねじの出し入れでダイハイトを調節する

122

❷金型取り付け部名称と働き

⑫スライド：コネクチングロッドの往復運動をガタツキのない上下動にする。スライド部分に金型の上型を取り付ける

⑬シャンク押え：小さな金型はシャンクで上型を保持することがあるが、その際のシャンクを押さえる部分

⑭シャンク穴：金型のシャンクを差し込む穴

⑮ボルスタプレート：フレームのベッドに取り付けられたプレート。下型の固定用のものである

図 3-1-1　プレス機械各部の名称

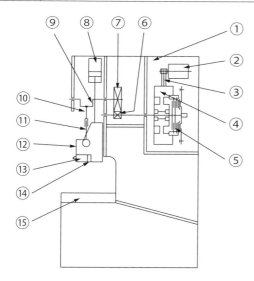

①フレーム
②モーター
③ベルト
④フライホイール
⑤クラッチ・ブレーキ
⑥ピニオンギヤ
⑦メインギヤ
⑧カウンターバランサ
⑨クランクシャフト
⑩コネクチングロッド
⑪スライド調節ねじ
⑫スライド
⑬シャンク押え
⑭シャンク穴
⑮ボルスタプレート

> **要点　ノート**
> プレス加工はプレス機械を使って仕事をします。そのためにはプレス機械各部の名称を知ることから始め、構造と操作のポイントをつかみます。

1 プレス機械の構造

プレス機械の運動機構と特徴

❶クランク駆動機構

　クランク軸とコネクチングロッドの組合せによって、回転運動を往復運動に変換するクランク機構を用いた駆動機構です（図3-1-2）。プレス機械で最も多く使用されています。ストローク長さはクランク軸の偏芯量の2倍です。大型プレスや絞り加工のように長いストロークを必要とするプレス機械では、図3-1-3のような構造をしたクランクレス機構と呼ぶ構造のものもあります。

❷ナックル駆動機構

　ナックル駆動は、クランク機構にリンク機構のナックルリンクを加えた構造のものです（図3-1-4）。下死点でのスライド速度をクランク機構に比べ遅くすることができます。

　この特性は、材料を潰す加工に適しています。したがって、鍛造加工に多く使用されています。

❸リンク機構

　スライドの駆動機構に、ナックルリンク以外の構造を使用した機構のものです（図3-1-5）。スライドの早戻りおよび下死点でのスライド速度を遅くして、決め押しができるようにしたものです。

| 図 3-1-2 | クランク駆動機構 |

| 図 3-1-3 | クランクレス機構 |

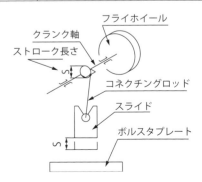

第3章 生産効率に影響するプレス機械と周辺機器

❹スクリュー機構

水平に配置されたフライホイールにスクリューシャフトが直結しています。回転軸に取り付けられた左右の回転板が左右交互に接触することで、フライホイールが正・逆転することによりスクリューシャフトが回転し、スライドが上下します（図3-1-6）。下死点を正確に決めることが難しいと言われています。

図 3-1-4 | ナックル駆動機構

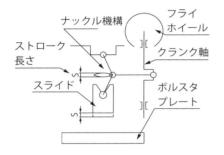

図 3-1-6 | スクリュー機構（摩擦プレス）

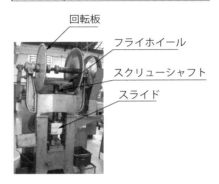

図 3-1-5 | リンク機構と運動曲線

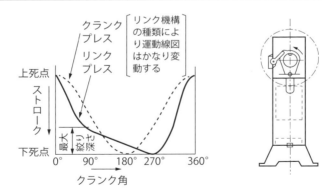

> 要点 ノート
> プレス機械の運動機構によってスライドの運動が変わります。製品加工の特徴に合わせて、適した運動機構のプレス機械が使われています。

125

【1】 プレス機械の構造

サーボプレスの特徴

❶サーボプレスの機構

　通常のプレス機械にはフライホイールがあり、フライホイールに慣性エネルギーを蓄えて加工時に放出し、仕事をしています。サーボプレスにはフライホイールがありません。サーボモーター（AC、DC、リニアサーボモーターなど）によって、加工に必要なエネルギーを作り出しています。機械プレス、液圧プレスともに存在します。機械プレスの構造例を示したものが、**図3-1-7**です。

❷サーボプレスのフレーム

　プレス機械の外観を示すものがフレームです。多くのプレス機械はC形フレーム、もしくはストレートサイドフレームが採用されています。サーボプレスも、フレーム形式としてはこれらと変わりありません。**図3-1-8**にストレートサイドフレームの例を示します。

❸サーボプレスの運動曲線

　機械プレスは、クランク機構やナックル機構といった回転運動を往復運動に変換する機構によって運動曲線は決まっており、その変更はできません。従来のプレス加工はこの固定された運動曲線の制約の中で、抜き加工や曲げ、絞りといった成形加工を行ってきました。

　サーボプレスには固有の運動曲線がありません。便宜上、従来からよく使われているクランクモーションの運動曲線が設定されていることが多いのです。サーボモーターの回転をコントロールすることで、自由な運動曲線を設計して使うことが可能です。**図3-1-9**は多様な運動曲線の例を示します。

　ナックル機構をはじめとするリンク機構を持つプレス機械は、下死点付近でのスライド速度を遅くして加工形状の安定を図る目的や、戻り速度を速めてサイクルタイムの短縮を狙い、複雑な機構を考案しています。これと比べて、サーボプレスではそれほど難しくなく可能にしています。

　また、絞り加工などでは加工の途中で、スライドをわずかに戻すような振動に似た運動をさせることで潤滑の改善などができ、成形性を高めることが知られていましたが、このような運動も可能となっています。絞り加工では長いストロークを必要とし、抜き加工では短いストロークが適しています。長いスト

ロークのものを振り子運動させ、見かけ上短いストロークで抜き加工することは、サーボプレスの活用法としてよく知られています。

図 3-1-7 | サーボプレスの構造例

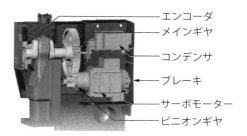

図 3-1-8 | サーボプレスの外観例

図 3-1-9 | 多様な運動曲線の設計例

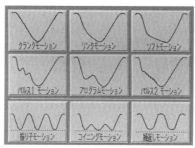

出所：アマダカタログより

要点 ノート

機械プレスは運動曲線に縛られてきました。サーボプレスは固定された運動曲線はなく、利用者の設計で運動曲線を作ることを可能にしたプレス機械です。

【1 プレス機械の構造

その他プレス機械

❶シャーリングマシン

　長い直刃を持った切断機で、定尺材から短冊材を作るときなどに多く使われています。ある程度の大きさのある長方形ブランクであれば、この機械で加工できます（図3-1-10）。直刃の奥にストッパがあり、切断したい幅にストッパを調節して、この部分に材料を突き当てて加工します。

❷タレットパンチプレス

　定尺材のような大きな板材から、様々な形状の抜き加工を行う汎用抜き専用の機械です（図3-1-11）。タレットと呼ぶ大きな円盤にたくさんの抜き工具を有しています。

　加工はCNC制御で、工具選択と加工する材料の加工位置と加工形状を決め、動作させて形状を作ります。穴の加工は穴に合った工具を選んで使いますが、輪郭形状は小さな工具を輪郭形状に沿って動かし、少しずつ加工していき

図 3-1-10 ｜ シャーリングマシン

図 3-1-11 ｜ タレットパンチプレス

ます。抜き専用機として作られたものですが、簡単なビードやバーリングといった成形加工も可能です。

❸レーザ加工機

タレットパンチプレスの機械動作での形状加工に代わり、レーザ光線を使っての形状加工も使われています（**図3-1-12**）。タレットパンチプレスは、構造的に厚板の加工には向きません。レーザ加工であれば10ｍｍ前後の板厚の加工も容易に行えます。

❹ベンディングマシン（プレスブレーキ）

Ｖ曲げ構造のパンチとダイを持った曲げの専用機です（**図3-1-13**）。直線曲げ加工で作られている**図3-1-14**のような製品を、タレットパンチプレスで形状加工した後に曲げを行い、形状を完成させる目的で多用されています。

図 3-1-12 ｜ レーザ加工

図 3-1-13 ｜ ベンディングマシン

図 3-1-14 ｜ 加工例

> **要点 ノート**
> プレス機械以外の板金加工機は大きな製品や少量生産に多用されています。専用金型を必要としない汎用のプレス機械と見ることができます。

【1 プレス機械の構造

プレス機械フレームの形と特徴

❶C形フレーム

　フレームの形がアルファベットのCに似ていることからきている呼び名です（**図3-1-15**）。前と左右が解放されているので、作業性に良好です。欠点として、加圧力が働いたときに、フレームが口開きと呼ぶ変形をしやすいことがあります。機械プレスの中で最も多く使用されているフレーム形式です。

❷ストレートサイドフレーム

　門形フレームとも呼ばれます（**図3-1-16**）。四隅に柱を持つ構造です。Cフレームの口開きの欠点を解消した構造と言えます。柱が邪魔をして作業性が劣るため、自動加工用のプレス機械に多く採用されています。または、大型プレス機械や鍛造などの高い加圧力が働く加工用のプレス機械などにも採用されています。

| 図3-1-15 | C形フレームプレス |

| 図3-1-16 | ストレートサイドフレーム |

❸アーチ形フレーム

金型を取り付ける部分が広く、クランク軸を保持する部分の幅を狭くして、加圧力によるクランク軸の変形を考慮したフレームです（**図3-1-17**）。ストレートサイドフレームの変形と言えます。ポンチングプレスと呼ぶ抜き加工向けのプレス機械に多く採用されていました。現在では見ることが少なくなっています。

❹アンダードライブ用フレーム

C形、ストレートサイドおよびアーチ形フレームでは、スライドの駆動部が上にあります。上部駆動方式と呼ぶ構造のものです。これに対して下部駆動のプレス機械もあります（**図3-1-18**）。ダイイングマシンと呼ばれています。下が重く、上にあるものはスライドのみという形です。四隅に柱がありますから、ストレートサイドフレームの変形と見ることもできます。

図3-1-17 アーチ形フレーム	図3-1-18 アンダードライブ用フレーム

> **要点／ノート**
> プレス機械では、加工によって発生した力をフレームで受けます。加工に伴う変形などの考慮と、使いやすさなども考えられて設計されています。

【1 プレス機械の構造

プレス機械のスライド駆動ユニット数

❶シングルクランク
スライドを駆動するクランクユニットの数が1つものです（**図3-1-19**）。基本となる形です。往復運動をすることが中心となっています。スライドに偏芯荷重が働いたときには弱い構造です。

❷ダブルクランク
1軸にクランクを2つ備えた構造のもので、偏芯荷重を考慮するとともに、スライド面積を大きくすることを可能にしたものです（**図3-1-20**）。

❸クロスクランク
ダブルクランクは1軸であるため、クランク軸にかかる負荷は大きくなります。2軸にすることで構造的な強化を図ったものです（**図3-1-21**）。2軸のバランスを取るのが難しくなります。

❹4クランク
ダブルクランクを2軸、クロス構造で採用したものです（**図3-1-22**）。大型プレスでスライド面積が大きくなったときの対応です。

図 3-1-19 | シングルクランク

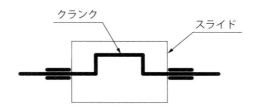

第 3 章 生産効率に影響するプレス機械と周辺機器

図 3-1-20 | ダブルクランク

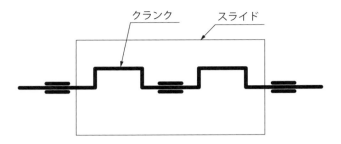

図 3-1-21 | クロスクランク

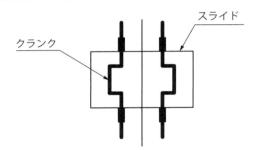

図 3-1-22 | 4 クランク

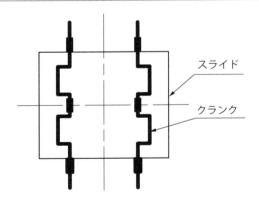

要点 ノート

クランク機構は回転を往復運動に変換します。しかし、そこには加工力も働きます。加工力によってクランクの曲がりや変形が起きることもあります。その対応策が様々に考えられています。

【2 プレス機械の操作と安全装置

プレス機械の運転操作

　フリクションクラッチ・ブレーキを装備したプレス機械の運転操作は、**図3-2-1**に示すセレクタスイッチ（切り替えスイッチ）によって、切、寸動、安全一行程、一行程、連続などが選択できます。選択した動作の運転は操作ボックスの押しボタンで行います（**図3-2-2**）。

❶切

　作業を休止するときに選択します。すべての運転ができなくなります。点検などで、金型内に手を入れる必要がある作業をするときには、「切」の選択とともにプレス機械の主電動機も停止させ、安全を図ります。

❷寸動

　寸動は、運転ボタンを押している間のみスライドが作動します。運転ボタンから手を離すと、直ちにスライドは停止します。寸動での操作は、プレス機械の試運転や金型セッティングの際などに使用します。

❸安全一行程

　安全一行程は、上死点から下死点付近（約150°位置）までの間は運転ボタンを押し続ける必要があります。この間に運転ボタンから手を離すと、スライドは停止します。スライドが下死点付近を通過した後は、運転ボタンを押し続けても離しても、スライドは運転を続けて上死点まで戻り停止します。

　作業者がスライド下に手を入れる余地がなくなるまで、運転ボタンから手を離すことができない仕組みで、安全を図っている運転操作です。

❹一行程

　一行程の選択を有するプレス機械もあります。この運転操作は、運転ボタンを一度押すとスライドは上死点から下死点を通過して上死点へ戻り、停止します。途中で運転を止めることはできません。

　運転ボタンを押した後は、作業者の手はフリーになりますから、光線式安全装置などを併用して危険がないようにします。単工程加工での作業では、原則として「安全一行程」を使います。

❺連続

　連続は一度、運転ボタンを押すとスライドは連続して運転を行います。止め

るためには「連続停止ボタン」を押します。スライドは上死点で停止します。自動プレス加工を行うときに採用します。
❻非常停止
危険あるいは異常を察知したときに押します。スライドはどの位置でも停止します。非常停止が押されると「解除ボタン」を押し、解除するまでどの動作もできません。

図 3-2-1 | セレクタスイッチ

図 3-2-2 | 運転操作ボックス

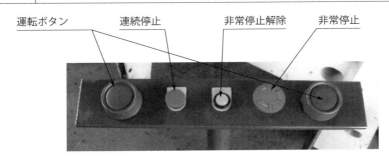

> **要点 ノート**
> プレス機械の運転は、作業内容に合わせて動作を選択して使います。その操作は、セレクタスイッチと操作ボックスで行います。

2 プレス機械の操作と安全装置

作業安全装置

❶ガード式安全装置
　ガード式安全装置は、プレス機械の前面に配置されたガード板によって、スライドの作動中は手などの部位が危険領域に入らないようにした安全装置です（**図3-2-3**）。運転ボタンが押されるとガード板が動いて、危険な領域をふさいで安全を確保します。

❷手引き式安全装置
　手引き式安全装置は、スライドの運動を利用したもので、スライドが下降するときにひもを引きます（**図3-2-4**）。ひもを作業者の手首に結ぶことで、スライドが下降すると、作業者の手は強制的にスライドから離れる方向に引かれ、安全を確保するものです。

❸両手操作式安全装置
　運転操作を両手で操作することで、手の安全を図る安全装置です（**図3-2-5**）。2つの操作ボタンを押さないとスライドは動作しません。操作ボタンの距離は手を開いたときに、親指と小指で押せないように開いて配置しています。また、片方のボタンを押し続けた状態にして片方だけの操作での運転もで

| 図 3-2-3 | ガード式安全装置 |

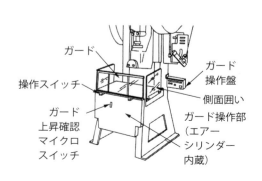

| 図 3-2-4 | 手引き式安全装置 |

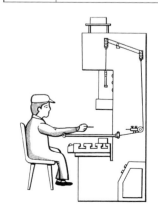

きません。

　両方のボタンは毎回、「押す」と「離す」を行う必要があります。さらに、操作ボタンはスライドから十分に離して（安全距離）ボタンを押した後、素早く手をスライド方向に動かしても届かないようにしています。

❹光線式安全装置

　図3-2-6に示すように、光線式安全装置は手などの身体の一部が光線を遮断したときに、これを検知してプレス機械の運転を止めます（急停止機構）。処断した後も、手が進んで危険領域に達する可能性があるので、光線位置と危険領域までの距離を取ります（安全距離）。

図 3-2-5 両手操作式安全装置

両手押しボタン

図 3-2-6 光線式安全装置

光線式安全装置

> **要点 ノート**
> 安全装置は、危険領域に手などの身体の一部がプレス機械の動作中に入らないようにしたものです。各種の方法があります。

【2 プレス機械の操作と安全装置

プレス機械の安全装置

　プレス機械の安全装置は加工力がオーバーして過負荷状態となり、プレス機械が壊れることを防ぐための装置です。この装置はスライド内部に設けられています。

❶シヤープレート式過負荷安全装置

　プレス機械は加工で生じる応力をプレス機械で受けて、外部に加工応力を伝えることはありません。加工応力はボルスタとスライド間に発生することから、スライド内部のボールねじ部分に過負荷が生じたときの安全装置を組み込む構造となっています。

　シヤープレート式過負荷安全装置は、シヤープレートと呼ぶ設定された荷重を受けると割れることで、過負荷から逃げるようにしたものです（図3-2-7)。この安全装置の復帰は、シヤープレートを新しいものと交換する必要があるため、時間がかかります。そのため、最近の過負荷安全装置は油圧式のものが多くなっています。

❷油圧式過負荷安全装置

　油圧式の過負荷安全装置が設置されている位置は、シヤープレート式のものと同じようにスライドのボールねじ下です。図3-2-8の部品Aはスライド部分にある部品です。部品A内部に油圧室があり、最大加圧力に設定された油圧が閉じ込められています。部品Bは油圧を受け蓋の役割をしているとともに、ボールねじと接して加工力を受けます。

　最大加工力以上の圧力が生じると、部品Aと部品Bの間に隙間ができて、油が漏れて過負荷から逃れます。復帰はポンプを回して、漏れて少なくなった油を補うことで行います。以上が油圧式過負荷安全装置の原理です。

第3章　生産効率に影響するプレス機械と周辺機器

図 3-2-7　シヤープレート式過負荷安全装置

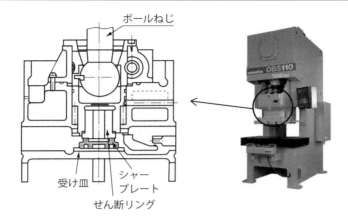

図 3-2-8　油圧式過負荷安全装置

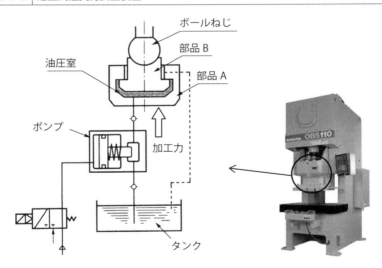

要点　ノート

プレス機械の安全装置は、過負荷によるプレス機械や金型の破損を防ぐための装置です。

139

2 プレス機械の操作と安全装置

金型の安全装置

金型の安全装置は、主に自動加工での不具合を対象にしています。

❶送りミス検出装置

送り装置を使って自動加工しているときに、何らかの理由で設定した送り長さと異なる状態が生じると、適正な加工ができずに金型を壊すことがあります。送り装置から送り出された、送り長さがパイロットで修正不能となる誤差を生じたときに、これを検出してプレス機械を停止させ金型へのダメージを最小にとどめる目的で使用する装置です（図3-2-9）。

❷かす上がり検出装置

抜きを自動加工すると、抜きかすが落下せずに、ダイ面へ飛び出してくることがあります。これをかす上がり、またはかす浮きと呼びます。製品に打痕をつけたり、時には金型を壊します。

かす上がりすると材料との間に入り、2枚打ち状態となります。このとき、可動ストリッパは通常とは違う動きとなります。この動きを検出してプレス機械を停止させ、かす上がりを知らせる装置です（図3-2-10）。通常は、検出センサーを金型内に2カ所以上つけて監視します。

❸座屈検出装置

自動送りされた材料が何らかの理由で座屈して、加工不能にすることがあります。この状態を検出してプレス機械を停止させ、金型破損を防ぐ装置です（図3-2-11）。センサーを送り装置と金型の間に設置して監視します。

図 3-2-9 | 送りミス検出装置例

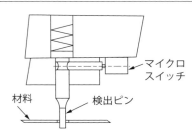

❹排出検出装置

順送り加工などで作られた製品がうまく排出されないで金型内に残っていると、潰してしまい金型を壊すことがあります。このようなことを防ぐために、加工された製品が金型外へ排出されたことを監視する装置です（図3-2-12）。光線式や磁気センサーなどいくつかの方法があります。

図 3-2-10 | かす上がり検出

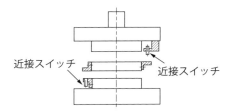

図 3-2-11 | 座屈検出

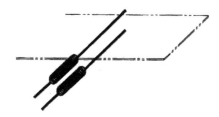

図 3-2-12 | 排出検出

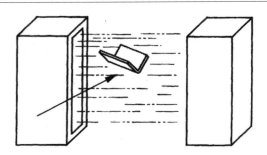

> **要点 ノート**
> 自動加工で生じる不具合によって金型を壊したり、製品に異常を残したりすることを防止するための監視装置です。

【3 プレス機械の周辺装置

1次送り装置

　コイル材の送りを前提とした材料送り装置を1次送り装置と呼びます。1次送り装置には、ロールフィーダとグリッパーフィーダがよく使われています。

❶ロールフィーダ

　図3-3-1にロールフィーダの外観を示します（最近のものはカバーでロールの見えないものが多い）。ロールの回転を利用して材料を送る装置です。送りのためのロールの駆動は、プレス機械のクランク軸と連接棒でつないで行うものと、タイミング信号をプレス機械から取り、モーターで駆動するものがあります。

　機構は上ロールと下ロールで構成され、下ロールは一方向（送り方向）への間欠回転をします（**図3-3-2**）。上ロールは押えばねで材料を押さえるとともに、下ロールに追従します。上ロールは金型のパイロットが働くとき上方に動き、材料を解放します。これをリリーシングと呼び、パイロットでの送り誤差修正を容易に行えるようにします。

❷グリッパーフィーダ

　図3-3-3にグリッパーフィーダの外観を示します。送りクランプと固定クランプを持ち、送りクランプのストローク運動で材料を送ります。

　機構は、送りクランプは開閉とストローク運動をします（**図3-3-4**）。固定クランプは開閉のみをします。送りクランプが材料をはさみ、ストローク運動開始態勢に入ると、固定クランプは開状態になります。この状態で送りストローク動作をします。送りストローク終点（送り長さ移動）で停止します。

　金型のパイロットが動作するタイミングに合わせて、送りクランプは開となり、材料を解放します（送り、固定クランプともに開、リリーシング）。プレス機械スライドが下死点を通過したところで、固定クランプは閉じ、送りクランプは開状態のまま戻りストローク運動に入り、最初の位置に戻って、クランプを閉じます。

　クランプの動作信号はプレス機械から取ります。クランプの駆動は空気圧やモーターを利用したものなどがあります。空気圧駆動のものをエアーフィーダと呼んでいます。

第 3 章　生産効率に影響するプレス機械と周辺機器

| 図 3-3-1 | ロールフィーダ |

| 図 3-3-2 | ロールフィーダの動き |

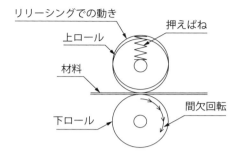

| 図 3-3-3 | グリッパーフィーダ |

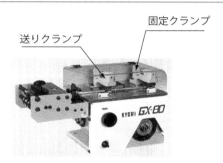

| 図 3-3-4 | グリッパーフィーダの動き |

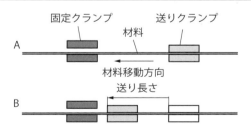

要点　ノート

主にコイル材の材料送りに使用する送り装置です。順送り金型と組み合わせた作業がプレス加工で最も効率良いとされています。

143

【3 プレス機械の周辺装置

2次送り装置

　切り板やブランク材を搬送する装置を2次送り装置と呼びます。2次送り装置にはトランスファフィーダ、プレスラインフィーダ、ロボットがあります。

❶トランスファフィーダ

　プレス機械のボルスタ内に単工程金型を並べて取り付け、その金型間を搬送する送り装置をトランスファフィーダと呼びます。このフィーダは、プレス機械と連動する動きをするトランスファ送り装置からトランスファバーが伸び、そのバーに加工品をつかんで搬送するフィンガーの構成で成り立っています（図3-3-5）。

　トランスファフィーダの動きは以下の3タイプがあります（図3-3-6）。

①1次元トランスファ：トランスファバーが送り方向に前後するだけの動きをします。フィンガーでのつかむ、放すはフィンガー部のスプリングの力で行います。加工スピードは上がりますが、加工製品が限られます。

②2次元トランスファ：トランスファバーが前後動と開閉をします。バーが閉じるとフィンガーが加工品をつかみ、引きずる形で搬送、バー開で次工程に加工品を送り、バー開状態のまま戻ります。最も多く利用されています。

③3次元トランスファ：トランスファバーが前後動と開閉および上下します。2次元送りの動作で、フィンガーが閉して加工品をつかんだ後、バーが上昇、搬送、下がり、フィンガー開の動作となります。引きずり搬送ができない加工品に適用します。通常のフィンガーはつかみ動作で加工品を保持しますが、3次元では、つかみ具に代えて吸盤やマグネットでの加工品保持もできます。

❷プレスラインフィーダ・ロボット

　金型が大きくなると、プレス機械1台に1つの金型をセットして、工程数プレス機械を並べ、プレス機械間にトランスファ同様にトランスファバーを設置して、加工品をプレス機械間搬送するものをプレスラインフィーダ（ラインペーサー）と呼びます（図3-3-7）。動作は3次元が多いです。

　トランスファバーの代わりに、プレス機械間にロボットを配置して搬送するようにしたものをロボットラインと呼びます。

第3章　生産効率に影響するプレス機械と周辺機器

| 図 3-3-5 | トランスファフィーダ |

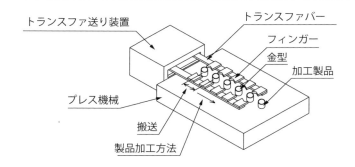

| 図 3-3-6 | トランスファフィーダの動き |

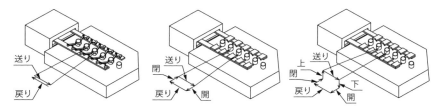

(a) 1次元トランスファ　　(b) 2次元トランスファ　　(c) 3次元トランスファ

| 図 3-3-7 | プレスライン送り装置（ラインペーサー） |

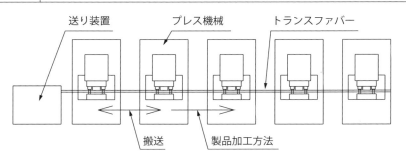

要点 ノート

単工程加工の加工品を搬送して、自動作業ができるようにした送り装置を2次元送り装置と呼びます。

145

【3】 プレス機械の周辺装置

ノックアウト装置

　金型構造に逆配置構造というものがあります。通常、上型にあるパンチを下型に配置して、上型にダイを配置した構造です。この構造は絞り型などに多く使われています。逆配置構造では加工品は上型のダイ内に入り込むため、排出するためのノックアウトと呼ぶ金型部品がダイ内に設けられます。加工後にノックアウトでダイ内の加工品を押し出して、金型外へ排出します。

❶プレス機械のノックアウト装置

　ノックアウトを動作させるプレス機械側の装置をノックアウト装置と呼びます。図3-3-8のスライド内にあるノックアウトバーと、プレス機械フレームにあるノックアウトストッパで構成されます。スライドのシャンク穴はノックアウトバーまで空洞になっています。

❷ノックアウト装置の使い方

　図3-3-9をもとに説明します。（a）図は加工が終わった下死点の状態を示しています。絞りが完了して、加工品がダイ内にある状態です。加工品がダイ内にあるので、その分ノックアウトは押し上げられています。

　ノックアウトに連なるノックアウトバーと、かんざしも同様に押し上げられています。この状態で上型は上昇します。上死点直前の状態を示したものが（b）図です。残りのスライド上昇量は絞り製品高さより、若干（1~2ｍｍ）短い距離です。このタイミングで、かんざしがノックアウトストッパに接するようにセットしておきます。

　かんざしの上昇は止まりますが、スライドは残り分（加工品より若干短い距離）上昇するので、ノックアウトは加工前の状態に戻され、加工品はダイの外へ押し出されます。このタイミングでエアーを吹くなどすれば、加工品はエアーの流れ方向に飛び、回収されます。

第3章 生産効率に影響するプレス機械と周辺機器

図 3-3-8 ノックアウト装置

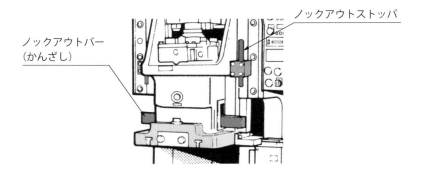

図 3-3-9 ノックアウト装置の使い方

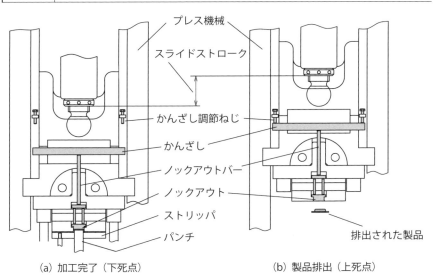

(a) 加工完了（下死点）　　　(b) 製品排出（上死点）

> **要点 ノート**
> 逆配置構造を用いた金型では、上型に入り込んだ加工品を回収するために、プレス機械に設けられたノックアウト装置を利用して行うことができます。

147

【3 プレス機械の周辺装置

ダイクッション

　ダイクッションは、単動プレス機械で絞り加工や成形加工を行うときに、必要なしわ押え圧力を発生する装置です。**図3-3-10**に示すように、プレス機械のベッド部分に内蔵されています。

❶空気圧ダイクッション

　ダイクッションは空圧シリンダと見ることができます（**図3-3-11**）。シリンダ内に圧力空気を送り込み、シリンダを動作させます。

　シリンダ上部面をウェアプレートと呼び、この面に圧力を伝達するクッションピンを置きます。クッションピン位置は決められているので、金型は位置を合わせて製作します。絞り加工であれば、クッションピンはしわ押えプレートに接します。この状態で仕事ができるようになります。

　押え圧力は空気圧を調節して行います。絞り金型が逆配置構造を採用する1つの理由が、このダイクッションを使えるようにするためです。

❷空・油圧式ダイクッション

　高い圧力を必要とするときに使われるものが、空気圧と油圧を利用した空・油圧式ダイクッションです。このダイクッションの圧力調節は、圧力を加えるのではなく抜くことで調節します。この調節弁をリリーフバルブと呼びます。

❸ロッキング装置

　通常使用のダイクッションは、プレス機械のスライドの動きと同期して動きます。加工内容によっては、スライドが下死点から上昇するときにダイクッションも一緒に上昇すると加工品を潰したり、変形させたりすることがあります。この現象をなくすためには、ダイクッションを下死点で止め、一定時間後に上昇させることで対策できます。この動作を実現する機能が、ダイクッションに付属するロッキング装置です。

　ロッキングの動作は、下死点で油圧のバルブを閉めて、油圧の流れ込みを止めて行います。解除は、プレス機械からの信号を受けて油圧バルブを開きます。

❹クッション調節装置

　クッションピンは金型ごとに長さが違うことが多く、金型ごとに作る必要が

あります。これは、ダイクッションのウェアプレートの面が一定であることに起因します。ウェアプレートの面を下げる機能を持たせて、調節を可能にしたものです。

図 3-3-10 | ダイクッションを備えたプレス機械

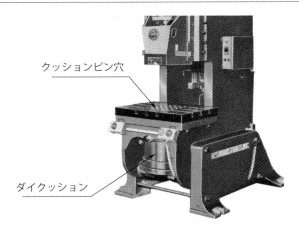

図 3-3-11 | 空気圧ダイクッションの構造

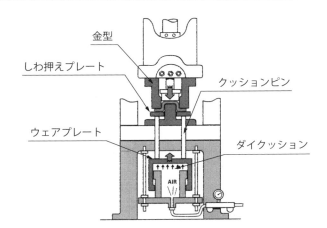

要点 ノート

プレス加工では、プレス機械スライドからの加圧力のほかに、補助的な圧力を必要とする加工も多くあります。この補助圧力源の代表的なものがダイクッションです。

3 プレス機械の周辺装置

材料給送・矯正装置

　材料給送装置は、コイル材を巻きほぐして材料送り装置に送り込むプレス機械の補助設備です。

❶リールスタンド
　軽量なコイル材を対象とした給送装置です（**図3-3-12**）。コイル材の内径を保持して巻きほぐします。

❷マンドレル
　材料コイルの内径を保持して巻きほぐす材料給送装置です（**図3-3-13**）。重量のあるコイルを対象としたものです。材料交換時間短縮を考えて、双頭にしたものもあります。

❸コイルクレードル
　コイル材の2本のロールの上に置き、幅を規制した状態で、ピンチロールと呼ぶ引き出しのためのロールに材料をはさみ、引き出す構造の給送装置です（**図3-3-14**）。

❹平置き式給送機
　多くの材料給送装置はコイル材を立てて使用します。水平に置くことでコイル材を重ね置きすることが可能となり、材料保管と交換時間を効率良くすることを可能にした給送装置です（**図3-3-15**）。薄板材に適用されます。

| 図3-3-12 | リールスタンド | 図3-3-13 | マンドレル |

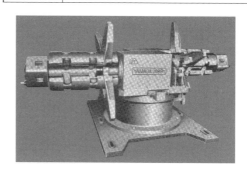

❺材料矯正装置

コイル材は、その荷姿からどうしても巻き癖や内部ひずみが材料に残ってしまいます。そこで、こうしたものを取り除くために、レベラーと呼ばれる材料矯正器が設けられています（**図3-3-16**）。ここを通して材料がプレス機械に供給されます。

図 3-3-14 | コイルクレードル

図 3-3-15 | 平置き式給送機

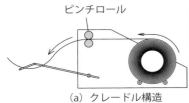
(a) クレードル構造

(b) クレードル外観

ピンチロール

図 3-3-16 | 材料矯正装置（レベラー）

> [要点 ノート]
> コイル材を扱うときのプレス機械の補助設備が材料給送装置です。材料に残る巻き癖や内部ひずみを除去するために用いるのが材料矯正装置（レベラー）です。

【3】 プレス機械の周辺装置

製品・スクラップ回収装置

　加工した製品やスクラップを金型外へ排出する目的で使用するものです。

❶シュート

　金型上に残った製品や、ダイ下に落下したスクラップを斜面を利用して滑らせ、回収するものです（図3-3-17）。加工油によって面に張り付き落ちにくいもののあり、表面にエンボス加工して摩擦低減を図ったものや、金型の上下動を利用して振動を与えるようにしたものなど工夫されています。

❷コンベア

　小型のコンベアを金型下に入れ、回収することもあります。

❸ショベルローダ

　逆配置構造金型は上型から加工品が出てきます。エアーで飛ばす方法もありますが、散乱や変形の懸念のあるものでは落下してくる加工品をショベルで受けて、排出するものです（図3-3-18）。ショベルを動かす方法に、パンタグラフ機構やラックとピニオンギヤで行うものやカムを使ったものなどがあります。

❹回収ダクト

　エアー飛ばしするものでは受け方が大切で、散乱しないようにダクトを用いることが多いです（図3-3-19）。このとき、ダクト内でエアーが攪乱して加工品がうまく回収できないことがあります。ネットなどを用いてエアーを逃がす工夫などが必要です。

❺スクラップカッター

　順送り加工で、キャリア部分が帯状にスクラップとして残ることがあります。このスクラップを細断して、処理しやすくする目的で使うものがスクラップカッターです（図3-3-20）。

第 3 章　生産効率に影響するプレス機械と周辺機器

図 3-3-17 | 回収シュート

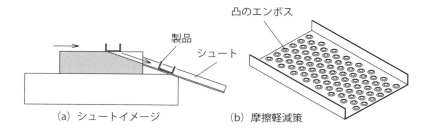

(a) シュートイメージ　　　　(b) 摩擦軽減策

図 3-3-18 | ショベルローダ

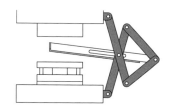
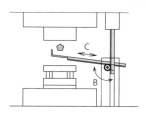

(a) パンタグラフ式　　　　(b) ラック・ピニオン式

図 3-3-19 | 回収ダクト　　　　図 3-3-20 | スクラップカッター

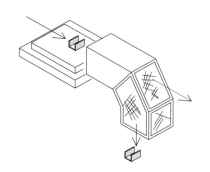

要点 ノート

加工品やスクラップの回収は製品ごとに異なり意外と面倒なものです。しかし、手抜きは作業性に影響します。しっかりと対策しましょう。

コラム

● プレス機械の運動曲線 ●

　金属材料を曲げて、すぐに離すと少し形が戻ります。形状を安定させるためには、少し押さえているとよいようです。押さえているのは動いた材料が落ち着くための時間で、これを形状凍結と言います。プレス加工では、力をプレス機械に頼って仕事をしています。

　最も多く使われているプレス機械はクランクプレスで、クランクプレスの運動では、下死点付近でのスライドの停滞時間が短いのです。そのため形状凍結時間が足りません。そこでリンク機構などを工夫して、下死点付近でのスライドの停滞時間を長くしたり、加工後の戻り時間を短くしたりしてサイクルタイムの改善を図ってきました。しかし、作られた運動曲線は変えることができません。プレス加工は、この固定された運動曲線の制約の中で工夫して、仕事をしてきました。

　今、新しい機械プレスとして、サーボモーター駆動のプレス機械が出現して、事情が変わってきました。固定されていた運動曲線から解放されたのです。ある程度の制約はあるものの、スライドの運動を早くしたり、遅くしたり、止めたり、戻したりの動きを組み合わせて運動曲線を作り、加工する金属材料や形状から加工速度や押え時間、および潤滑といった内容を考慮した動きが作れるようになったのです。

　この変化は工程の短縮や加工品質の向上、加工難としてきた形状の実現など多くの期待が持てます。技術的には、金属材料の特性や加工に伴う材料の動きなど、より細かな内容を知り、適した運動曲線を作ることも考慮して加工を考えることは新たなノウハウとなります。サーボプレスを振り子運動だけで使うことから早く卒業し、新たな付加価値を生む手段として活用したいものです。

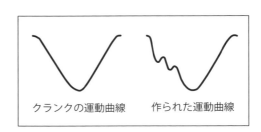

クランクの運動曲線　　作られた運動曲線

引用文献

「絵とき『プレス加工』基礎のきそ」吉田弘美著、日刊工業新聞社

「新プレス作業と安全」中央労働災害防止協会編、中央労働災害防止協会

「知りたいプレス機械」アイダ・プレス研究会著、ジャパンマシニスト社

「プレス加工用語辞典」山口文雄著、日刊工業新聞社

「プレス加工のトラブル対策」吉田弘美・山口文雄著、日刊工業新聞社

「トコトンやさしいプレス加工の本」山口文雄著、日刊工業新聞社

【索 引】

数・英

1次元トランスファ	144
2次元トランスファ	144
2次せん断面	10
3次元トランスファ	144
4クランク	132
C形フレーム	130
L曲げ	12
V曲げ	12

あ

アーチ形フラーム	131
アウターガイド	114
穴抜き	11
安全一行程	38、134
安全囲い	28、56
安全金型	104
安全距離	137
安全手工具	28
安全点検	28、38
安全特別教育	28
アンダードライブ用フレーム	131
異常摩耗	108
一行程	134
一行程一停止機構	38
インナーガイド	114
運動曲線	23
エアー3点セット	71
液圧プレス	22
縁切り	54
円筒絞り	14
エンボス	15
オートクランプ	46
送りピッチ	112
送りミス検出装置	140
押え曲げ構造	12

か

ガード式安全装置	136
カール	15
外観検査	58
外形抜き	72
回収ダクト	152
ガイドブシュ	96
ガイドポスト	96
カウンターバランサ	122
加工作業	60

加工力	9
下死点	48
かじり	110
かす上がり	74
かす上がり検出装置	140
かす浮き	26
片側キャリア	86
カットオフタイプ	80
稼働時間	32
可動ストリッパ	97
可動ストリッパ構造	100
金型	20
金型の点検	68
金型の保管	69
監視作業	26
機械プレス	22
逆配置構造	88、100
キャリア曲がり	86
急停止機構	38、137
切り板	24
切り替えスイッチ	134
切欠き	11
切込み	11
金属繊維	16
空気圧ダイクッション	148
空・油圧式ダイクッション	148
クッション圧力	43
クッション調節装置	148
クラッチ	38
クラッチ・ブレーキ	122
クランク機構	22
クランク駆動機構	124
クランクシャフト	122
クランクプレス	22
クリアランス	10
グリッパーフィーダ	142
クロスクランク	132
形状測定器	111
限度見本	58
コイルクレードル	150
コイル材	24
コイルスプリング	97
光線式安全装置	137
後段取り	26
降伏点（耐力）	8
コーントレーサー	111
コスト	30
固定ストリッパ	96

固定ストリッパ構造	100
コネクチングロッド	122
コンパウンドダイ	98
コンベア	152

さ

再研磨	108
再々絞り	90
再絞り	88、90
裁断機	76
材料ガイド	97
材料矯正装置	151
材料のリフト量	87
作業主任者制度	28
座屈検出装置	140
サンプル	58
シート材	24
始業前点検	28
自然鋳造	16
下型可動ストリッパ構造	101
自動クランプ装置	46
シミーダイ	78
シヤープレート	138
シヤーリングマシン	76、128
シャンク	42、46、96
シャンク穴	123
シャンク押え	42、123
シュート	53、152
終了時検査	64
手工具	56
出荷検査	66
順送型	99
順配置構造	100
初期摩耗	108
初品検査	64
ショベルローダ	152
しわ	89
しわ押え力	88
シングルクランク	132
スクラップカッター	152
スクリュー機構	125
ステンレス鋼板	24
ストックガイド	112
ストリッパ	20
ストリッパボルト	97、114
ストリッパレス構造	100
ストレートサイドフレーム	130
ストローク長さ	22
スピニング	16
スプリングバック	82
滑り面	110
スライド	123
スライド調整	32

スライド調整ねじ	40
スライド調節ねじ	122
寸動	38、134
成形加工	14
成形金型	110
生産作業	26
生産速度	58
切削加工	16
セットスクリュー	97
セレクタスイッチ	134
洗浄	18
せん断面	10
せん断力	10
総抜き型	98
側面摩耗	108
底突き	84
底抜け	89
塑性	8
塑性加工	8
外段取り	32

た

ダイ	20、96
ダイイングマシン	131
ダイキャスト	16
ダイクッション	70
ダイセット	20
ダイホルダ	96
ダウエルピン	101、115
打痕キズ	81
ダブルクランク	132
だれ	10
タレットパンチプレス	128
短冊材	24
弾性	8
段取り作業	26
単能型	98
縮みフランジ成形	13
中央キャリア	86
中間検査	64
中間工程	90
鋳造加工	16
突き曲げ構造	12
定尺材	24
定常摩耗	108
手引き式安全装置	136
転写加工	16
特定自主検査	29
塗装	19
トランスファ加工	62
トランスファ金型	102
トランスファフィーダ	144
トリミング	54

トレーサビリティ	65
ドレン	71

な

ナックル機構	22
ナックル駆動機構	124
ナックルプレス	22
軟鋼板	24
日常（月例）点検	29
抜き－絞り型	98
抜き反り	72
ネスト	96
熱間圧延鋼板	24
熱間鍛造	16
納期	30
ノーハンド・イン・ダイ	28、104
ノックアウト	20
ノックアウトバーの調整	70
ノックピン	101、115
伸びフランジ成形	13

は

バーリング	15
排出検出装置	141
ハイトブロック	40、48
パイロット	86、112
破断面	10
バッキングプレート	96
初絞り	88
バラツキ	58
バリ	36
張出し	15
バリ取り	18
バレル加工	18
パンチ	20、96
パンチプレート	96
パンチホルダ	96
ビード	15
非常停止	135
ピニオンギヤ	122
平置き式給送機	150
品質	30
フープ材	24
複合型	98
プッシャーフィーダ	62
フライホイール	22、122
ブランキング	11
ブランク	8
ブランクホルダ	43、97
振り子運動	126
ブリッジ	86
ブレーキ	38

フレーム	122
プレス用ロボット	62
プレスラインフィーダ・ロボット	144
分断	11
分離加工	8、10
平行台	48
ヘラ絞り	16
ベルト	122
ベンディングマシン（プレスブレーキ）	129
偏肉	90
ボルスタプレート	123
本質安全化	28

ま

毎分のストローク数	22
巻き癖	50
曲げフランジ成形	13
摩耗曲線	108
マンドレル	150
ミス検出	112
ミスフィード検出装置	62
ミルシート	50
メインギヤ	122
メタルフロー	16
めっき	18
面摩耗	108
モーター	122

や

油圧式過負荷安全装置	138
よろめき型	78

ら

ライン化	62
リールスタンド	150
リブ	15
リフター	112
両側キャリア	86
両手操作式安全装置	136
リリーシング	51、142
リンク機構	124
冷間圧延鋼板	24
冷間鍛造	16
レーザ加工機	129
レベラー	151
連続	134
連続加工	58
ロールフィーダ	142
ロッキング装置	148

著者略歴

吉田弘美 （よしだ ひろみ）
吉田技術士研究所　所長

1939 年、東京都生まれ。1959 年、松原工業㈱勤務。1966 年、工学院大学機械工学科（2 部）卒業。1975 年、技術士（機械部門）資格取得。1979 年、吉田技術士研究所を設立して技術コンサルタント業に従事。

主な著書：「絵とき『プレス加工』基礎のきそ」、「トコトンやさしい金型の本」、「プレス加工のツボとコツ」、「プレス加工の品質向上と品質管理」、「プレス加工大全」（以上、日刊工業新聞社）

山口文雄 （やまぐち ふみお）
山口設計事務所　所長

1946 年、埼玉県生まれ、松原工業㈱、型研精工㈱を経て、1982 年、山口設計事務所設立、現在に至る。この間、日本金属プレス工業協会「金型設計標準化委員会」「金型製作標準化委員会」などの委員を兼務する。

主な著書：「金属設計標準マニュアル」（共著）新技術センター、「プレス加工のトラブル対策」（共著）、「プレス成形技術・用語ハンドブック」（共著）、「小物プレス金型設計」、「基本プレス金型実習テキスト」（共著）、「プレス順送金型の設計」、「プレス金型設計・製造のトラブル対策」（共著）、「図解 プレス金型設計―単工程加工用金型編」（以上、日刊工業新聞社）

NDC 566.5

わかる！使える！プレス加工入門

〈基礎知識〉〈段取り〉〈実作業〉

2018 年 1 月 30 日　初版 1 刷発行

定価はカバーに表示してあります。

ⓒ著者	吉田弘美、山口文雄	
発行者	井水 治博	
発行所	日刊工業新聞社	〒103-8548 東京都中央区日本橋小網町14番1号
	書籍編集部	電話 03-5644-7490
	販売・管理部	電話 03-5644-7410　FAX 03-5644-7400
	URL	http://pub.nikkan.co.jp/
	e-mail	info@media.nikkan.co.jp
	振替口座	00190-2-186076
印刷・製本	新日本印刷㈱	

2018 Printed in Japan　　落丁・乱丁本はお取り替えいたします。
ISBN　978-4-526-07784-5　C3053
本書の無断複写は、著作権法上の例外を除き、禁じられています。